"三软"矿区瓦斯与围岩相互驱动机制及应用

王志荣 陈玲霞 著

科学出版社

北京

内 容 简 介

构造煤瓦斯突出一直是河南省"三软"矿区多年面临的严重地质灾害。作者运用工程地质学、弹塑性力学、断裂力学、流体力学以及岩石试验和计算机数值模拟等理论与方法,对开放式构造条件下煤与瓦斯突出的成因、时空规律及驱动因素展开了系统深入研究。阐明了区内构造煤与构造岩顶板的变形特征;确立了区内瓦斯生成条件的构造控制模式;揭示了断层带煤(岩)与瓦斯突出的方式与力学驱动机制;建立了"三软"矿区瓦斯地质灾害预测模型。以软煤塑性软化性能与流变性能的耦合变形特征为切入点,着重研究回采工作面煤体破裂、瓦斯运移及二者相互作用的时程效应。此外,对低渗条件下构造煤瓦斯的压裂抽采与平顶山薄层状盐穴储气库围岩稳定性进行了初步讨论。

本书可供矿山工程勘察、设计、施工、监理、安全、矿井地质工程技术人员参考,也可作为大中专院校有关专业师生的参考资料。

图书在版编目(CIP)数据

"三软"矿区瓦斯与围岩相互驱动机制及应用/王志荣,陈玲霞著. —北京:科学出版社,2018.1

ISBN 978-7-03-055645-5

Ⅰ. ①三… Ⅱ. ①王… ②陈… Ⅲ. ①矿区-瓦斯煤层-相互作用-围岩稳定性-地质灾害-防治 Ⅳ. ①TD823.82②TD325

中国版本图书馆 CIP 数据核字(2017)第 288631 号

责任编辑:王 运 刘浩旻/责任校对:彭 涛
责任印制:肖 兴/封面设计:铭轩堂

科 学 出 版 社 出版

北京东黄城根北街16号
邮政编码:100717
http://www.sciencep.com

新科印刷有限公司 印刷

科学出版社发行 各地新华书店经销

*

2018 年 1 月第 一 版 开本:720×1000 1/16
2018 年 1 月第一次印刷 印张:12 1/4 插页:8
字数:260 000

定价:118.00 元
(如有印装质量问题,我社负责调换)

前　言

瓦斯突出的力学驱动机制一直是岩土界有关岩体与气体相互作用理论的深层次问题，而构造作用的叠加使得这一问题变得更加具有挑战性。豫西芦店滑动构造位于河南嵩山-五指岭和箕山-风后岭之间的登封市、新密市境内，东起于新密市大槐镇，西止于登封市南嵩山断层带的玉皇庙断层，西宽东窄，总体展布近东西向，呈向北凸出的弧形，滑动系统面积 $260km^2$。作为引张作用下形成的包括拉张带、挤压带和剪切带等单元的伸展构造组合体，其完整的构造形态和应力分区、典型的"生、储、盖"气田构造以及罕见的瓦斯动力现象，使之成为研究应力变质作用、构造煤（岩）与瓦斯突出驱动机制、"三软"矿区瓦斯地质灾害动力效应，以及复杂地质条件下煤层气综合利用等工程地质学和瓦斯地质学领域一系列基础问题的理想场所。

全书分五个部分：绪论和第一章由郑州大学陈玲霞撰写，首先介绍了浅层脆性条件下，不同类型构造应力对瓦斯形成的影响机理与控制模式，其次丰富与完善了瓦斯突出方式，即高压瓦斯逐步"击穿"岩体中的损伤裂隙，而并非通过"中心式"或"球壳状"方式来击碎整个岩柱，最后阐明了瓦斯突出冲击波对巷道围岩的三维动力效应；第二章由郑州大学王志荣、陈玲霞撰写，全面阐述了"三软"矿区瓦斯延期突出机理，提出了"突出滞后时间为第一阶段卸压带形成时间与第二阶段应力集中带软煤蠕变失稳时间之和"这一重要结论；第三章由郑州大学王志荣撰写，针对防突岩柱安全厚度以及与时间的非线性耦合问题，通过对经典流变组合模型的分析及 Matlab 最小二乘迭代法的拟合，建立了改进的七元件非线性黏弹塑性本构模型，并以此建立起基于岩体流变性的岩柱临界安全厚度的计算模型；第四章由郑州大学王志荣撰写，着重介绍了低渗煤层压裂抽采的基本工作原理及施工技术参数的计算方法，明确指出矿井瓦斯治理必须结合矿区环境保护和矿区煤层气资源开发，走具有河南省特色的综合治理之路；第五章由郑州大学王志荣、陈玲霞撰写，在查明平顶山盐田工程地质条件的基础上，对薄层状盐岩地下储气库建设进行了详细的可行性分析。确切地说，以上内容为多年奋战在工程地质前缘的科研团队集体智慧的结晶。

在当前全国上下深入开展"学习实践科学发展观"活动的新形势下，笔者依托国家自然基金项目"豫西滑动构造区'三软'煤层瓦斯地质灾害成因及动力性机制（编号：41272339）"，将近年来取得的有关成果编辑出版。在本书完成过程中，得到了中国矿业大学（北京）资源与安全学院、郑州大学水利与环境学院的老师和同学们的关心与帮助。在此，首先感谢悉心培养笔者的博士研究生导师胡社荣教授及中国矿业大学（北京）资源与安全学院院长曹代勇教授，正是在他们的学术熏陶下，笔者才走上了地质科学的研究道路。同时，笔者还要感谢李潇璇博士，孙龙、李树凯、韩中阳、李亚坤、贺平、郭志伟、王永春和石茜茜等硕士，他们在本书绘图制表与数据处理过程中给予了充分的帮助和支持！

河南省煤田地质局地质处刁良勋教授级高级工程师、胡向志高级工程师、河南省能源钻井工程技术研究中心张振伦工程师，对笔者给予关心、支持、指导，并热情解答问题；河南省煤矿安全监察局黄体信教授级高级工程师、严振声高级工程师以及郑州矿务局刘忠英、陈平工程师、刘士军高级工程师对笔者给予热情指导和帮助；河南省煤矿系统各级领导和工程技术人员给予热情接待并慷慨提供大量资料和工作条件，在此一并致谢！

王志荣

2018 年 1 月

目　　录

绪　　论

第一节　"三软"矿区瓦斯突出的驱动机制

矿难事故一直是困扰我国煤矿安全生产的最严重问题，事关我国国际声誉和人民生命安全。尤其是近年来，已发生多起死亡百人以上的重大矿难。而煤与瓦斯突出（以下简称"瓦斯突出"）恰恰是造成这些重大矿难的主因！因此，研究瓦斯突出的成因机理，建立相应的瓦斯突出预测模型，无论是对工程地质的基础理论研究，还是对煤矿安全生产，都具有重大的理论与实践意义。

"三软"矿区一般指赋存"三软"煤层的煤矿区。在我国采矿界，"三软"煤层这一术语虽然由来已久，但至今尚无公认的确切定义。通常认为，"三软"煤层指一定开采技术条件下由软煤、软顶和软底构成的特殊地质体。

"三软"煤层的关键内容是软煤。软煤的通俗含义即受构造作用改造，强度低、变形大且易破碎的煤体。也就是说，软煤即地质意义中的构造煤，是在一期或多期构造应力作用下，在一定的工程环境中，煤体的原生结构、构造遭到不同程度的破坏，同时引起物理力学性能极大变化的一类煤。从瓦斯地质学角度，构造煤尚包括瓦斯含量、瓦斯压力及瓦斯渗透性能等内容，是煤层气开发领域的一个综合性范畴。曹运兴等根据煤体原生结构的破坏程度不同，将构造煤划分为碎裂煤、碎斑煤、鳞片煤、碎粉煤、非均质结构煤与揉流糜棱煤等六种基本成因类型。

长期以来，在人们的一般概念中，褶皱构造的轴部和逆断层发育区是瓦斯与油气聚集的有利部位；而伸展构造区，往往具有各种开放式的渗透边界，是瓦斯和油气的逸散区，因而难以富集成藏或聚集成灾。这一认识产生的背景是早期的煤田地质学家们发现，高煤级煤（高瓦斯源岩）通常发育在强烈的褶皱变形区，而伸展构造区的煤，结构简单，变质程度较低，因此他们假定褶皱压力（fold pressure）形成了圈闭构造并促进了变质成烃作用。然而，在河南芦店滑动构造区，近年来各煤矿相继发生了众多触目惊心的瓦斯地质灾害，郑州煤炭工业集团的告成煤矿、大平煤矿和超化煤矿皆为豫西罕见的突出矿井或高瓦斯矿井（其中大平煤矿是全国五个防突示范矿井之一）。煤与瓦斯突出、瓦斯爆炸、煤层自燃发火及煤尘爆炸等恶性事故频频出现。2004年10月20日，大平煤矿发生的148人死亡的特大瓦斯突出事故，向人们提出了伸展构造区为何会发生如此重大瓦斯地质灾害的严峻问题！

以掀斜断块为主要标志的伸展构造和沿盖层中软弱层位发育的重力滑动构造,是河南省煤田尤其是豫西煤田内最富特色的构造现象(马杏垣,1981;李万程,1979;胡社荣,1992;曹代勇,1990;王桂梁等,1992)。豫西芦店滑动构造早在20世纪70年代就已经闻名遐迩。滑动构造的主滑脱面沿二₁煤顶面及附近层位发育,钻孔揭露平均厚为40m的碎裂岩带,岩心破碎,结构松软。经多期重力滑覆作用后的软煤,以"片状-鳞片-碎粒-碎粉"结构为主,煤级一般从高级烟煤到无烟煤。煤体质松性脆,揉搓现象严重,且小挠曲和劈理构造异常发育,碎裂后断面光滑,伴生有大量摩擦镜面、擦痕及擦槽,厚度一般为7~8m,是我国典型的"三软"煤层。

芦店滑动构造的多次滑动造就了研究区丰富的构造现象。滑动构造带在垂向上普遍出现分带现象,大致呈上部岩层裂隙带、中部构造破碎带和底部构造煤岩带(滑动构造带主体)的共生组合,从而在空间上构成典型的瓦斯"生、储、盖"三元结构。在漫长的地质时期中,煤层中瓦斯向多空隙的构造岩顶(底)板运移,并富集于各类边界断层,最终形成豫西独特的"煤、岩石与瓦斯"耦合突出现象。

煤与瓦斯突出的超前地质预测一直是矿山安全领域多年试图解决的难题。在生产实践中,矿井地质条件与开采条件的耦合互动,增加了解决这一问题的难度,由滑动构造形成的"三软"煤层的叠加使得这一问题的研究难上加难。总体来说,有关瓦斯成因机理研究的难点主要体现在以下方面:

(1)瓦斯突出的滞后性:滑覆作用在主滑面附近产生大量次生断层,而90%的瓦斯突出与这类断层构造有关,并且从掌子面揭露断层到瓦斯突出这一段时间存在一个明显的滞后期。因此,这类事故容易造成人们思想上的麻痹大意,是危害最大,发生最频繁的一种矿井地质灾害。

(2)瓦斯突出的强烈性:在开拓阶段的煤巷掘进过程中,尤其是岩巷揭煤时经常发生强烈的瓦斯动力现象。受滑动构造影响,二₁煤层原生结构遭到彻底破坏,一般呈粉状与团块状,因而透气性极差,瓦斯压力大,动力性强。一旦采掘活动揭穿断层,附近高压瓦斯将迅速解析释放,产生冲击地压造成人员伤亡。

(3)瓦斯突出的多元性:构造岩顶板松软破碎,采掘过程中随采随落,极难控制,因而无严格的伪顶、直接顶和基本顶之分,也无真正意义的冒落带和裂隙带之分。尤其是构造岩顶板垮落后,由于缺乏裂隙带垂直逸散通道,瓦斯向上运移受阻并滞留于冒落带或冒落带之下,煤层回采时在通风负压作用下,随着采空区漏风大量涌向工作面隅角,致使回采工作面瓦斯涌出量骤增,一般为正常煤壁的几倍甚至几十倍,从而形成新的二次瓦斯源。

显然,单单从瓦斯的生成条件和运移条件等传统思路来探讨滑动构造带瓦斯突出成因机理已失之偏颇,仅仅用煤体破碎、比表面积增大、孔隙率和吸附容量增大、渗透率降低等煤岩物理特征也难以解释许多实际现象。笔者认为,瓦斯突出的控制因素众多，滑动构造区应该牢牢抓住滑动作用形成的滑动带软煤（岩）这一问题的特殊性，从瓦斯的赋存条件，即构造空间、开采环境以及介质的力学性能等方面，积极开拓新的思路与新的途径来解决这一难题。

滑脱构造是 20 世纪 80 年代以来我国煤田地质领域所取得的最重要进展之一。芦店滑动构造已有众多的研究成果（马杏垣，1981；王桂梁，1992；李万程，1995；王昌贤，1989；曹代勇，1990；胡社荣，1992），但主要侧重于构造特征及其控煤规律方面的研究。20 世纪 70 年代以来，焦作矿业学院、西安矿业学院、中国矿业大学的一批研究者在矿井地质灾害（包括煤与瓦斯突出）影响因素、发生发展机理、预测模型与方法等方面做过大量工作。彭立世（1985）、胡社荣（1992）、曹运兴（1995，1996，1999）、曹代勇等（2002，2006，2005）曾通过滑动构造区瓦斯生成条件的研究，指出构造应力对煤体变形变质及煤化进程有很大影响，强烈变形的构造煤瓦斯含量高，且灾害性大；20 世纪 90 年代早期，焦作矿业学院瓦斯地质研究所通过对煤体结构的力学特征及破坏规律的研究，模拟了瓦斯的渗透运移问题。苏现波和吴贤涛（1996）根据煤体结构渗透理论和瓦斯在构造裂隙中的运移特征，对河南省主要煤田的煤层气可采性做出了评价。郭德勇等（1998，2002，2007）系统研究了地质构造对煤与瓦斯突出的控制作用，提出了瓦斯预测的构造物理学新方法，并在预测数理模型、计算机应用方面有所创新。21 世纪初，河南省一些有远见的瓦斯地质工作者，如张子敏等（1998）、张铁岗（2001）、王恩义（2005）从构造角度探讨了瓦斯突出机理与突出规律。尤其是国内著名学者夏玉成、袁崇福、张子戌、徐风银等均提出影响因素量化的新思路，也相应开展过该方面研究，甚至采用了人工智能方法，但实际应用并没有取得理想效果，学术上也有待同行公认。

近年来，随着岩石力学试验和计算机模拟技术的发展，工程界开始出现为数不多的煤矿灾害学和岩体力学交叉研究成果，国外有 W. J. Sommerton 等研究应力对煤体渗透性的影响；W. E. Brace 进行了应力作用下岩体渗透率变化规律研究；C. R. McKee 等开展了应力与煤体孔隙度和渗透率间关系研究；J. R. E. Enever 和 A. Henning 得到煤体有效应力与渗透率间影响规律。国内刘保县（2002）提出了利用突变理论来研究煤与瓦斯延期突出的机理；景国勋（2005）从孕育和突出两个阶段阐述了气体在煤与瓦斯突出中所起的作用，指出了煤层吸附瓦斯和裂隙瓦斯对煤的物理力学性质的影响；唐巨鹏等（2006a，2006b）通过煤层气在压力作用下的解析渗流试验研究，得到有效应力与煤层气解吸渗流特性间的关系，并拟合了其关系表达式，从而揭示出煤体破坏前，一些新的流固相互作用规律；徐涛和唐春安（2005）分析了岩体破裂过程中，有效应力与孔隙应力的耦合变化规律；马中飞和余启香（2007）利用水力超前压力对于承压散体煤和瓦斯的突出机理做了初步探讨；尹光志等（2008a）、胡国忠等（2009）对于低渗透条件下的渗流作用进行了进一步模拟研究。

综合前人的学术成就,虽然在"瓦斯形成的构造应力降解机制"和"应力作用下瓦斯渗流特征"方面取得重大进展,也强调了"层滑作用使得煤层遭受破坏,煤体强度变低,从而成为诱发突出的地质因素之一",但尚未就"应力作用对煤化进程的影响方式"、"软煤强度降低对瓦斯突出的影响程度"以及"岩体破裂后尤其是软岩破裂后气体运移及固流相互作用关系"等一系列关键科学问题做出系统的论述,关于"滞后突出的原因"以及"突出后岩体的急剧开裂等动力学过程"的研究更是处于空白。实际上,滑动构造作为包括前缘挤压带、中部顺层剪切带和后缘拉张带等变形单元的构造组合体,其各部分的应力应变分布和构造样式具有自身规律,本身产生的"三软"物质载体,即构造煤岩对矿井瓦斯突出的控制必然有其独特之处,具体表现为以下两个方面。

首先是应力变质问题。众所周知,温度、压力及其温度作用的时间是决定煤化作用进程的基本地质因素,其中温度对有机质演化所起的主导作用得到普遍的认同,而压力因素在煤化作用和成烃过程中的意义尚存在较大的争议。压力是促进成烃(瓦斯的形成)过程还是抑制煤化作用进程?静压力(地层压力)与动压力(正应力、剪应力和压应力),应力作用与热力作用对煤大分子结构的影响差异如何及其原因何在?鉴于"三软"矿区含煤岩系构造变形的显著特色,上述问题的深入研究和深刻探索,对于全面认识煤化作用的实质和科学分析瓦斯生成的应力模式,无疑具有重要的理论意义。

其次是瓦斯动力性问题。针对构造区瓦斯突出问题的特殊性(滞后性、强烈性与多元性),瓦斯预测应该遵循"因地制宜"与"因时制宜"的原则。实际上,瓦斯突出本身就是一个涉及固体与流体二相平衡的动力学过程,而"三软"煤层的软化性能与黏塑性能应该是滑动构造区瓦斯突出的最直接和最关键影响因素。我们认为,滑覆作用使煤体强度变得很低且具有流变性能,煤层开采诱发的断层带应力集中又使得软煤(岩)剧烈变形且强度迅速衰减(即软化性能与黏塑性能),从而导致固体有效应力剧降而瓦斯孔隙压力剧增,煤(岩)破裂后最终产生气体与固体的耦合动力现象。

第二节　"三软"矿区煤层气开发利用

近年来,我国社会经济的飞速发展对能源的需求与日俱增,随之而来的大量燃煤排放造成了严重的大气污染,暖温与雾霾等极端气候日益严重。在化石能源枯竭和环境污染问题的严重困扰下,世界各国纷纷致力于研究开发清洁新能源。煤层气又叫瓦斯,其主要成分是甲烷,是一种储藏在煤层中高热值、无污染的新能源气体。煤层气开发能够有效降低瓦斯矿难的发生和温室气体的排放,因此具有很好的经济效益和环境效益。

我国煤层气资源丰富，开发潜力巨大，埋深在 2000m 以浅煤层气资源量约 36.81 万亿 m³，居世界第三位。随着我国对地质规律认识的提高和勘探及开采技术的不断创新，煤层气等非常规油气资源的勘探取得了重要的进展。2015 年我国煤层气探明地质储量达到 602 亿 m³，较 2014 年增长 155%。根据我国煤层气资源条件、勘探程度、开发技术发展现状及产业发展的需要，"十三五"期间煤层气勘探范围将进一步扩大，逐步推进到新疆、安徽、河南、贵州等地区，到 2020 年，国内将建成 3～4 个煤层气产业化基地，新增探明煤层气地质储量达 1 万亿 m³。

河南省是我国产煤大省，也是全国瓦斯重灾区之一。煤层气资源极其丰富，埋深 2000m 以上的蕴藏量约 1 万亿 m³，平均资源丰度达 1.97 亿 m³/km²。但是，煤层气开发技术的落后造成煤层气产业发展缓慢，全省煤层气田尤其是"三软"矿区普遍存在的"低渗、低压、低饱和以及高构造变动"，即"三低一高"等技术难题尚未很好地解决。地面井的产能总体上十分低下，抽采率一般保持在 25%左右，尚不能实现煤层气的有效抽采和高效利用。

目前在河南省焦作试验区已施工 90 口煤层气井，主要分布在九里山、古汉山、恩村、位村等矿区。由于缺乏成熟的勘探、抽采、资源评价以及储层改造技术，抽采试验只能参照沁水盆地的施工工艺，加上含煤地层储藏特征、水文地质与构造地质等复杂因素，多数煤层气井出现涌水与突水现象，产气量很小，总体上并未达到理想的抽采效果。

笔者在系统分析"三软"矿区以往煤层气勘探与抽采资料的基础上，基于煤层气地质学、断裂力学、弹塑性力学、流体力学等多学科理论，分析了低渗煤储层在水力压裂条件下裂缝的起裂、扩展机理，构建了"三软"煤层的水力裂缝扩展模型和压裂后储层渗透率模型，从而建立了适合焦作矿区"三软"条件的施工技术参数体系，诸如起裂压力（P）、压裂长度（L）、施工排量（Q）与压裂时间（t）以及各参数间的优化组合模型，以指导实际施工，全面提高地面井的产能与抽采率。研究成果对区域内煤层气资源的勘探开发具有一定的理论与实际指导意义。

第三节　地下盐穴储气库的工程地质条件分析

当前，我国能源消费与日俱增，对进口能源的依赖程度不断提高，而当前国际政治经济局势正在发生深刻的变化，特别是主要能源产区的不稳定因素明显增加，对我国能源尤其是天然气进口安全造成巨大的潜在风险。几乎可以肯定，在我国能源产业结构战略调整的新形势下，为保证能源安全和供需平衡，促进我国经济的持续发展，建立能源战略储备库已迫在眉睫。天然气的消费具有明显季节性和时段性特点,建立天然气储备库对合理调度天然气使用和应对突发事故均具有重要意义。同时我国的环境状况持续恶化,工业废气的排放造成了严重的空气污染。因此,地下空腔因其安全经济的特点,在能源存储和有毒工业废气的处置方面具有良好的应用前景,目前已经逐步成为全球能源储备领域的研究热点。

河南省地下盐岩资源十分丰富,但在盐岩溶腔的再利用方面却起步较晚,直到 20 世纪 90 年代才逐步开始有相关研究。随着国家能源战略储备计划的逐步实施,盐岩地下储气库的建设发展迅猛,西气东输二线上平顶山和应城两个储气库正在建设之中。盐岩具有致密低渗的特点,使地下盐穴储气库具有经济与安全的显著优势。但同时由于储气库埋深较大,地层结构复杂,使储气库存在着许多潜在的地质问题。首先,盐岩溶腔的库容会由于蠕变作用而有所减少,影响到储气库的存储能力与经济效益。其次,蠕变严重时可能引起上覆岩层的断裂,进而引起地表大面积变形和塌陷,严重时可能会引起储气库渗漏、爆炸等严重的安全和环境事故。

因此,地下储气库的围岩变形和地面沉降研究,包括蓄气运行期间的动态监测,均关系到储气库的安全使用与日常维护,具有十分重要的现实意义。同时,平顶山盐田具有独特的地质构造,盐岩和泥岩互层分布,单层厚度小,埋藏深,促使变形影响因素复杂化。在此背景下进行储气库变形、沉降等机制的研究,可以为储气库的建设和运营提供技术参考和支持。

综上所述,河南省"三软"矿区瓦斯突出防治、煤层气高效开发,以及平顶山薄层状盐穴储气库围岩稳定性评价这三方面的研究内容,都涉及复杂地质条件下"多场(裂隙场、应力场、渗透场)多相(固体、液体、气体)"耦合作用机理等基础理论,也是我国目前能源领域亟待解决的深层次地质问题。芦店滑动构造事实上已经成为探讨瓦斯地质灾害防治,以及低渗煤层气综合利用等工程地质学和瓦斯地质学领域一系列热点问题的理想场所;而平顶山薄层状盐穴储气库为解决深部岩体与气体相互作用问题提供了天然实验室。上述科学问题的研究进展,对于揭示构造应力影响成烃作用的方式和途径、探索"三软"矿区瓦斯地质灾害超前预报方法、开发低渗煤层的瓦斯抽采技术以及改进薄层状盐穴储气库储藏工艺均具有重要理论意义与现实意义。

第一章 "三软"矿区瓦斯突出的驱动作用

煤与瓦斯突出是指在煤矿井下采掘过程中煤和瓦斯（以甲烷为主的烃类气体）混合物在很短时间内连续地从煤（岩）壁内部向采掘空间突然大量喷出的动力现象。煤与瓦斯突出的作用介质为煤和瓦斯，作用力包括地应力和瓦斯压力等。其一般特征表现为抛出固体物质，气体搬运特征显著，突出物中表现出显著的高压气体爆炸，突出的孔洞具有一些特殊的形状及突出过程中伴随有大量的瓦斯涌出。煤与瓦斯突出是采矿生产过程中经常出现的一种非常复杂的动力现象，不仅是严重威胁煤矿安全生产的自然灾害之一，同时也是一直以来世界采矿界面临的巨大难题之一。

作为世界上煤与瓦斯突出灾害最为严重的国家之一，我国仅 2008 年就发生煤矿瓦斯突出事故 180 起，死亡 781 人，其中：较大瓦斯事故 63 起，死亡 290 人；重特大瓦斯事故 18 起，死亡 352 人，给人民生命财产造成巨大损失（姜波等，2005）。近年来，随着我国现代工业的发展导致煤矿矿井开采深度和强度大幅度的增长，瓦斯压力的增大和开采条件的日趋复杂，煤与瓦斯突出发生的强度及造成的伤亡不断增长，迫使人们对煤与瓦斯突出机理进行研究，以便采取相应的措施来防治煤与瓦斯突出。

探索矿井瓦斯突出与驱动元素的内在关系一直是工程地质学关注的重要课题之一，此问题在当今岩土学术界仍是一个尚未彻底解决的难题。新中国成立以来，广大科技工作者与瓦斯地质灾害进行了不懈的斗争，在总结新中国成立以来历次突出事故经验教训的基础上，逐渐摸索和形成了一套适合中国实际情况的防治理论和方法。

迄今为止，前人的学术成就在"瓦斯形成的构造应力降解机制"和"应力作用下瓦斯渗流特征"方面取得重大进展，强调了"层滑作用使得煤层遭受破坏，煤体强度变低，从而成为诱发突出的地质因素之一"。本书就"应力作用对煤化进程的影响方式"、"煤强度降低对瓦斯突出的影响程度"以及"岩体破裂后尤其是软岩破裂后气体运移及固流相互作用关系"等一系列关键科学问题做出进一步系统的论述，对"滞后突出的原因"以及"突出后岩体的急剧开裂等动力学过程"也进行了初步的讨论。

第一节　瓦斯生成的构造驱动模式

煤体瓦斯含量是矿井形成各种瓦斯地质灾害的物质基础，目前已经明确瓦斯含量的大小取决于煤的变质作用阶段。有机质在高温高压条件下经过一系列的物理、化学以及生物因素的作用，随着时间推移逐步形成游离瓦斯。温度、时间和应力是变质作用过程中的关键因素，其中温度提供了有机质转化的主要能量源，其主导作用得到学术界的普遍认同。而关于压力因素，尤其是浅层脆性条件（即地表常温条件）下构造应力在煤化作用和成烃过程中的意义，尚存在较大的争议。

豫西滑动构造区是我国典型的浅层"表皮构造"发育区，区内火成岩体极不发育，主采二₁煤层基本没有受到热异常的影响，但因受后期滑动构造和断块掀斜的强烈改造，全区基本构造煤化。煤体变形复杂、质松性脆，一般呈"片状-鳞片-碎粒-碎粉"结构，碎裂后断面极其光滑，摩擦镜面、擦痕及擦槽极其发育；镜下观察时揉搓现象严重，且小挠曲和劈理构造非常发育，是我国典型的"三软"煤层。

芦店重力滑动构造作为引张作用下形成的包括后缘拉张带、前缘挤压带和中部顺层剪切带等变形单元的伸展构造组合体，其完整的构造形态、典型的应力分区以及罕见的瓦斯异常现象，为研究不同类型应力对瓦斯形成的控制作用提供了十分便利的条件。鉴于构造区显著的应力分区特色，通过测定煤样的物理化学特性，从分子结构深入分析构造应力对瓦斯形成的影响，从而筛分出地层压力（自重压力）和构造应力，以及从构造应力中进一步筛分出压应力、张应力和剪切应力，为进一步完善瓦斯"应力成藏模式"提供必要的宏观和微观信息支持。

一、地质背景

重力滑动构造的一般成因模式为：界面发育，具有软弱夹层的岩体，在地下水浮力效应的托浮下，在合适的斜坡上，再有其他因素触发诱导，经重力的下滑力长期作用，岩体逐渐滑移，蠕动，流变，形成各式各样的重力构造（曹代勇，1990；王桂梁等，1992）。重力作为一种无处不在的体力，在地球浅层低温条件下，仍然可以参与地壳表层的运动过程，在塑造各类构造中起着重要作用（马杏垣等，1981）。

国外学者在深入研究欧美众多山前滑脱构造的基础上，提出了著名的重力滑动构造的构造动力分区模式，明确指出滑动构造的应力应变分布和构造样式具有自身规律，一般前缘为挤压段，可出现以地层重复和缩短为特征的逆冲推覆作用；中部为顺层剪切滑移段，滑动带遭受强烈剪切作用，但滑体、滑床的构造变形和地层异常相对较弱；后缘为拉张段，可发育一系列反向阶梯状断层，在张应力作用下以地层缺失为特征。因此,就豫西煤田而言,一个完整的重力滑动构造系统,其上覆系统正是拉张、挤压和剪切等力学单元的有机组合(图1-1)。

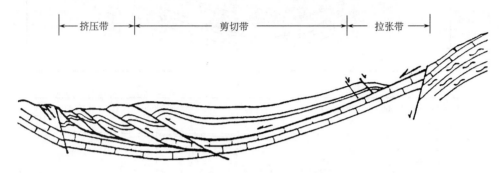

图1-1 重力滑动构造形成示意图

豫西芦店滑动构造的几何形态十分独特,滑动构造的剖面形状为舟状,中部平缓,两端翘起,并交于边界正断层之上。滑动系统由二叠系至古近系组成,芦店-告成区总体构造形态为不对称的朝阳沟背斜。下伏原地系统为一个不完整的向斜,南翼保留有逆冲断层,而北翼正断层发育,总体上具有北深南浅的箕状断陷性质(图1-2)。

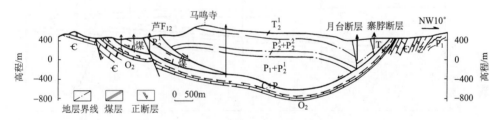

图1-2 芦店滑动构造勘探线剖面图

芦店滑动构造作为引张作用下形成的包括拉张带、挤压带和剪切带等变形单元的伸展构造组合体,其完整的构造形态和应力分区,使之成为研究应力变质作用的理想场所。鉴于研究区典型的构造与变质特征,本次测试煤样均按构造变形单元分类采集,第一类是张性构造区煤样,采自滑动构造后缘拉张带和以掀斜断块为主要标志的区域伸展构造区[图1-3(a)],这类区域主要发育引张机制下形成的具有地层缺失效应的高角度正断层和铲式断层;第二类是剪切变形区煤样,该区以发育缓倾角顺层断层为主要特征[图1-3(b)];第三类是前缘挤压带煤样,该带以发育逆冲断层和褶皱构造为主要特征[图1-3(c)]。

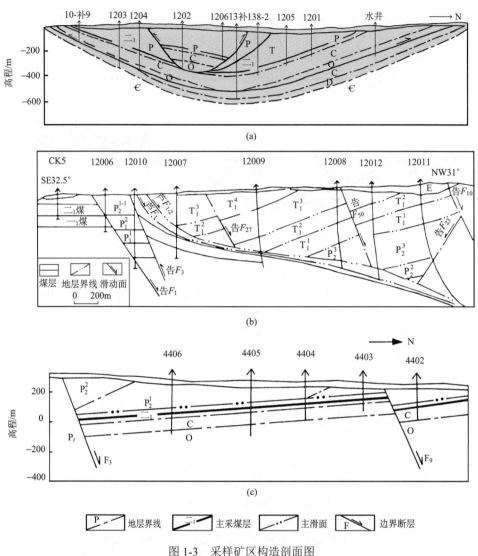

图 1-3　采样矿区构造剖面图

（a）大平矿区；（b）告成矿区；（c）超化矿区

二、测试结果与分析

1. 镜质组测试分析

　　煤体显微组分的反射率均随煤化程度的加深而增大这一现象，就是煤体内部芳香环结构缩聚程度增长，碳原子密度不断增大所造成的。各组分的反射率随煤化程度的变化速度有所差别，其中镜质组的变化最快且规律性最强。镜质组是煤体的主要成分，颗粒较大而表面均匀，反射率易于测定。同时，与其他表征煤化程度的指标不同，镜质组反射率不受煤体岩相变化的影响。因此，镜质组反射率是目前公认的一种能快速测定和准确指示煤化作用进程的煤级指标。

芦店滑动构造南缘煤的镜质组反射率测试结果显示（表 1-1），同样处顺层剪切段，滑动面直接覆盖煤层的告成矿区，样品的最大反射率平均值为 2.160，比滑动面远离煤层的超化矿区的相应值（最大反射率平均值为 1.875）要大，相邻二区的数值存在着系统差异，表明构造作用越强烈，煤化作用也就越明显，这是地表常温条件下构造应力仍然是煤化因素的有力佐证。

表 1-1　构造煤镜质组反射率

构造位置	样品编号	采样地点	时代	宏观特征	$R_{o,max}$/%
挤压构造区	LDP-二$_1$-1	郑煤大平	P_1s^1	非均质-糜棱煤	1.98
	LDP-二$_1$-2		P_1s^1	碎粒-碎粉煤	2.03
	LDP-二$_1$-3		P_1s^1	碎斑煤	2.89
	LDP-二$_1$-4		P_1s^1	碎粒-碎粉煤	2.95
	CYG-二$_1$	朝阳沟	P_1s^1	碎粒-碎粉煤	1.94
	YQC-二$_1$	养钱池	P_1s^1	碎粒-碎粉煤	2.47
	ZGC-二$_1$-1	郑煤告成	P_1s^1	碎裂-碎斑煤	1.94
	ZGC-二$_1$-2		P_1s^1	碎裂-碎斑煤	2.02
	ZGC-二$_1$-3		P_1s^1	碎斑煤	2.56
	ZGC-二$_1$-4		P_1s^1	碎裂-碎斑煤	2.19
伸展构造区	QMC-二$_1$-1	郑煤米村	P_1s^1	碳质泥煤	1.78
	QMC-二$_1$-2		P_1s^1	非均质-糜棱煤	1.96
	QMC-二$_1$-3		P_1s^1	碎粒-碎粉煤	1.94
	QWZ-二$_1$-1	郑煤王庄	P_1s^1	鳞片煤	2.91
	QWZ-二$_1$-2		P_1s^1	鳞片煤	2.58
	QWZ-二$_1$-3		P_1s^1	碎斑煤	2.56
	QWZ-二$_1$-4		P_1s^1	碎斑煤	2.34
	QWZ-二$_1$-5		P_1s^1	碎斑煤	2.34
	QWZ-二$_1$-6		P_1s^1	非均质-糜棱煤	2.29
	QWZ-二$_1$-7		P_1s^1	鳞片煤	2.38

续表

构造位置	样品编号	采样地点	时代	宏观特征	$R_{o,max}/\%$
剪切构造区	LCH-二$_1$-1	郑煤超化	P_1s^1	碎裂煤	1.75
	LCH-二$_1$-2		P_1s^1	碎裂煤	1.93
	LCH-二$_1$-3		P_1s^1	碎裂煤	1.75
	LCH-二$_1$-4		P_1s^1	碎裂煤	2.07
	LGC-二$_1$-1	郑煤告成	P_1s^1	碎裂-碎斑煤	2.19
	LGC-二$_1$-2		P_1s^1	非均质-糜棱煤	2.24
	LGC-二$_1$-3		P_1s^1	非均质-糜棱煤	2.12
	LGC-二$_1$-4		P_1s^1	碎裂-碎斑煤	2.03
	LGC-二$_1$-5		P_1s^1	鳞片煤	2.16
	LGC-二$_1$-6		P_1s^1	非均质-糜棱煤	2.22

　　而不同构造单元的测试值也显示了明显的应力变质规律，挤压带煤样的镜质组最大反射率一般介于1.94%～2.95%之间，平均值为2.38%，方差为1.5467×10^{-5}；伸展构造区煤样最大反射率介于1.78%～2.91%之间，平均值为2.31%，方差为1.1586×10^{-5}；剪切带煤样的最大反射率介于1.75%～2.24%之间，平均值为2.05%，方差为3.2960×10^{-6}。镜质组反射率与应力性质存在着密切关系，从试验数据结果可以看出挤压应力区煤样镜质组最大反射率最大，但其方差在三者中较大，表明挤压应力对煤化程度的促进作用最大且作用较为复杂，较长时间的挤压应力作用，能够压密芳香片并促进芳香片的定向排列，同时容易使含氧官能团和侧链脱落，从而对煤化进程具有较大的促进作用，其影响作用要大于拉伸应力和剪切应力。拉伸应力区镜质组反射率小于挤压区，方差也相对较小，剪切区镜质组反射率最小，方差也最小，表明两者在脆性变形阶段对煤化作用的影响作用有限，尤其是由滑覆作用引起的剪切应力作用时间最短，因此其影响作用最小。

2. 元素测试分析

　　构造煤样的元素测试分析结果见表1-2，结果表明三个构造区域碳元素含量均在70%以上，碳氢氧三元素含量之和在90%左右。挤压区的大平煤矿的煤样碳元素含量最高，拉伸区超化矿次之，剪切区告成矿最低，而氢元素和氧元素则呈相反的变化趋势。元素分析可以直接明确地表明煤样的煤化程度，结果说明挤压应力对煤化的影响作用最强，拉伸应力次之，剪切应力最小。

表 1-2 构造煤元素分析试验结果

样品号	构造区域	C/%	H/%	O/%
GC08		71.74	3.54	13.62
GC09	剪切区	72.55	3.61	13.39
GC10		72.22	3.50	13.32
CH08		75.55	3.52	12.68
CH09	拉伸区	75.77	3.55	12.01
CH10		76.74	3.43	11.92
DP08		80.75	3.03	8.69
DP09	挤压区	82.03	3.26	8.22
DP10		81.04	3.20	8.45

3. X 射线衍射试验分析

X 射线衍射试验结果表明,构造煤的 002 峰是整个衍射图谱上的最高峰,不同构造应力区域煤样的峰高和峰宽有所区别,表明了应力对煤化进程作用效果的不同(表 1-3)。当构造应力的影响作用较大时,芳香烃的支链、侧链及部分官能团脱落,层片的堆叠变厚,晶核逐渐生长变大。

表 1-3 构造煤 X 射线衍射试验结果

样品号	构造区域	d_{002}/ nm	L_c/ nm	L_a/ nm	N	n
DP05		0.3527	2.0356	3.3405	6.5	168.4
DP06	挤压区	0.3530	1.9896	3.0374	6.4	139.3
DP07		0.3526	1.9673	3.1258	6.4	147.5
CH05		0.3535	1.6245	2.4325	5.4	89.3
CH06	拉伸区	0.3533	1.5986	2.4613	5.3	91.4
CH07		0.3530	1.6038	2.4896	5.3	93.6
GC05		0.3560	1.3321	2.0147	4.5	61.3
GC06	剪切区	0.3556	1.2935	1.9045	4.4	57.1
GC07		0.3554	1.3158	1.9437	4.5	57.0

层面间 d_{002} 标志着煤样受到构造应力作用后芳香片的堆叠挤压程度,从试验结果可以看出,构造煤的层面间距均大于石墨的层面间距,不同构造区域煤样的间距相差不大,但仍呈现出一定的变化规律。挤压区,拉伸区和剪切区煤样的层面间距逐渐增大,表明了挤压力的作用最强,造成层片受到较大应力而变得致密,而剪切力效果则最小。

基本构造单元的堆砌厚度 L_c 和晶核直径 L_a 同样可以说明构造应力的影响作用，二者具有相同的演化趋势，即随着构造作用的增强而增大。堆砌厚度 L_c 处于 1.3～2.1nm 范围内，晶核直径 L_a 处于 1.9～3.5nm 之间，挤压区、拉伸区和剪切区三个区域煤样的参数呈逐渐减小趋势。同样，堆砌层数 N 和单层碳原子苯环数 n 也呈相同的变化趋势，堆砌层数 N 处于 4.5～6.5 之间，相互之间差距不大，而单层苯环数则相差较大。

X 射线衍射的基本参数面网间距 d_{002}，堆砌厚度 L_c、堆砌层数 N、晶核直径 L_a、单层苯环数 n 等各项参数都具有相似的演化趋势。总体变化趋势与其他试验结果相吻合，相互佐证。构造应力为煤级的升高提供了所需能量，其效果体现在直接作用于煤的微观分子结构，使芳环上的官能团以及一些键能较小的支链和侧链脱落，并形成煤层气。试验结果表明三种构造应力对煤化作用均具有一定的促进效果，并且其作用效果有所区别，各向异性的挤压应力持续时间较长，对基本单元和官能团的脱落具有较强的作用，而由浅层滑覆作用引起的剪切应力则作用时间较短，应力强度小，对煤化作用的效果就相应较小，拉伸应力的作用则处于前两者之间。

4. ^{13}CNMR 试验分析

1）谱的拟合与结构参数

煤是成分十分复杂的含碳混合物，其结构的复杂性以及核磁技术固有的一些特性导致核磁图谱的分辨率受到影响。在整个波谱图范围内仅出现两个明显的波峰，多处出现重叠，特定的化学位移处波峰不明显，对积分处理造成不便。因此，为了准确地得到不同官能团的波谱吸收特征，需要对波谱进行拟合处理。本次试验采用南加州大学开发的 Nuts 软件对波谱进行拟合分析，主要通过设置不同官能团的化学位移、峰宽以及峰型洛伦兹比将每个样品波谱图的特征峰显示出来，同时可以得到每个小峰的积分面积、峰值强度等信息。不同类型的构造煤的 ^{13}CNMR 图谱分峰模拟图见图 1-4。

核磁试验波谱图经过分峰模拟处理之后便可对特征峰进行积分，然后根据特征峰吸收强度的积分与整个谱段积分的比值可以确定一系列的官能团结构参数，由此表征构造煤的结构特征。首先根据本次试验图谱和前人研究成果确定碳原子的化学位移，然后根据 Solum 和 L.W. Dennis 等人提出的煤的结构参数进行计算，主要包括 f_a（芳碳率）、质子化芳碳（f_a^H）、桥接芳碳（f_a^B）、侧支芳碳（f_a^S）、氧接芳碳（f_a^O）、脂肪碳（f_{al}）、脂甲基和芳甲基碳（f_{al}^1）、亚甲基和次甲基碳（f_{al}^2）、季碳（f_{al}^3）、氧接脂碳（f_{al}^O）、羧基碳（f_a^{COOH}）、羰基碳（$f_a^{C=O}$）。通过 ^{13}CNMR 波谱分峰模拟图中每种含碳官能团的吸收强度峰积分值与整个谱图范围积分值的比较可以得到以上各参数，具体数值见表 1-4。

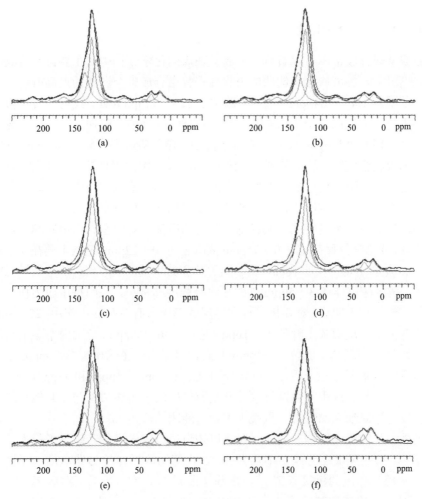

图 1-4　构造煤固体 ^{13}CNMR 波谱分峰模拟图（彩图）

（a）样品号 GC01；（b）样品号 GC02；（c）样品号 DP01；（d）样品号 DP02；
（e）样品号 CH01；（f）样品号 CH02

表 1-4　构造煤中不同官能团相对含量

样品号	构造位置	f_a	f_a^H	f_a^B	f_a^S	f_a^O	f_{al}	f_{al}^1	f_{al}^2	f_{al}^3	f_{al}^O	f_a^{COOH}	$f_a^{C=O}$
GC01	剪切带	0.710	0.498	0.206	0.003	0.003	0.168	0.065	0.040	0.018	0.045	0.068	0.019
GC02		0.694	0.455	0.234	0.002	0.003	0.195	0.062	0.064	0.011	0.058	0.096	0.014
DP01	挤压带	0.775	0.533	0.225	0.002	0.015	0.134	0.056	0.013	0.032	0.033	0.048	0.061
DP02		0.770	0.476	0.269	0.001	0.024	0.142	0.052	0.039	0.011	0.040	0.074	0.044
CH01	拉张带	0.746	0.528	0.212	0.001	0.005	0.165	0.079	0.028	0.039	0.019	0.037	0.034
CH02		0.713	0.498	0.206	0.002	0.007	0.169	0.077	0.028	0.026	0.038	0.047	0.025

2）构造煤 ^{13}CNMR 波谱特征分析

首先从煤样波谱图可以看到，芳族碳在煤的化学结构中占主要部分，其共振吸收强度最大，各芳族碳官能团的吸收峰重叠组合成整个图谱的最高峰，该峰化学位移范围为 100～164ppm，主峰大致位于 123～125ppm 处，经过分峰模拟之后可以将重叠峰分解成四个子峰。位于 115～118ppm 处的主峰属于带质子芳碳的吸收强度峰，133～134ppm 处的主峰属于桥接芳碳的吸收强度峰，145ppm 处是侧支芳碳的吸收强度峰，氧接芳碳在 148～164ppm 范围内出现多个较小的肩峰，不同的构造应力作用下这些肩峰的强度有所变化，当构造应力作用较强时，芳香碳吸收峰峰形变窄，峰宽减小，主峰的位置偏向化学位移较小方向。

脂组碳的吸收强度特征主要包括一些终端甲基、芳甲基、脂甲基和氧接脂碳的吸收峰，其化学位移基本在 0～75ppm 范围之内。0～22ppm 范围主要在 3～5ppm 和 16ppm 左右出现两个吸收峰，属于脂甲基和芳甲基的吸收峰，从分峰模拟图可以看到，挤压区煤样在 3～5ppm 处的吸收峰强度非常小，说明挤压应力作用下脂甲基脱落作用较为明显，对煤化进程和煤层气形成具有较强促进作用。22～36ppm 范围内亚甲基和次甲基主峰位于 31ppm 左右，36～50ppm 范围内季碳主峰位于 47ppm 附近，甲氧基主峰位于 53ppm 左右，氧接脂碳主峰出现在 73ppm 左右。脂族碳范围内主要有三个明显的峰，分别位于 16ppm、31ppm 和 73ppm 处，说明脂甲基、亚甲基和次甲基以及氧接芳碳是脂族碳的主要构成部分，其他官能团吸收强度没有形成独立的峰形，重叠于主要官能团的峰内。

另外，从构造煤结构参数的对比可以知道挤压区煤样的芳碳率 f_a 最大，平均为 0.773，拉伸区煤样芳碳率平均为 0.729，剪切区煤样的芳碳率最小，平均为 0.702，同时挤压区的桥接芳碳 f_a^B，羧基含量 $f_a^{C=O}$ 均为最大，而脂碳率 f_{al}，氧接芳碳率 f_a^O，脂甲基和芳甲基 f_{al}^1，亚甲基和次甲基含量 f_{al}^2 则最低。芳碳率 f_a 是表征煤的芳香结构变化的主要指标，f_a^B 的增加反映了芳香化程度的增高和芳香环大分子的增大，煤化过程也是脱氢、脱氧和脱氮的过程，挤压区煤样氧接芳碳含量最低，也说明挤压应力的作用较强，本次试验结果表明挤压作用对芳碳率的提高贡献最大；拉伸区煤样的氧接芳碳率 f_a^O、脂甲基和芳甲基 f_{al}^1、季碳 f_{al}^3 的含量最大，而桥接芳碳 f_a^B、羧基含量 f_a^{COOH} 则最小，拉伸应力对煤化促进作用弱于挤压应力；剪切区煤样的侧支芳碳 f_a^S、羧基碳 f_a^{COOH}、亚甲基和次甲基含量 f_{al}^2，以及脂碳率 f_{al} 在三种煤样中最大，而羧基含量 $f_a^{C=O}$、季碳含量 f_{al}^3、质子化芳碳率 f_a^H 则相对最小，表明剪切应力对芳碳含量提高促进作用最小，主要是促进一些侧链的脱落。

由此可见，^{13}CNMR 测试结果总体反映了挤压应力对煤化作用的影响最大，即在三种构造应力中挤压应力对煤层气的形成作用最大。构造煤结构参数表明挤压应力对煤化进程的作用主要体现在促进带质子芳碳和桥接芳碳含量的升高,以及促进脂族碳的脱落,包括脂甲基、芳甲基以及氧接脂碳。但其对羰基的脱落促进作用不明显,在三者中处于最低水平。拉伸应力在促进带质子芳碳含量f_a^H升高方面也具有较大作用,仅次于挤压应力,特别是对羧基含量降低的促进作用最大,同时对亚甲基和次甲基的脱落也具有较强的促进作用;剪切应力对氧接芳碳率降低具有最明显作用,同时对季碳和羰基的脱落转化作用最强,该区域煤样羰基含量最低,但对羧基的作用不明显。

3)应力变质作用机理分析

以豫西滑动构造区复杂地质环境为天然实验室,通过研究二₁构造煤的光性特征与^{13}CNMR波谱特征,不难看出浅层脆性变形条件下,构造应力仍然可以促进煤化进程。那么,不同性质的构造应力为什么会产生如此不同的煤变质效应?笔者认为,强烈的挤压应力作用可以增加煤体的黏塑性,从而促进芳香碳网在平行于应力方向择优生长,在垂直应力方向则优先拼叠。在低温脆性弱变形阶段,当煤体应变发展到芳香结构层次时,分子结构中含有较多的含氧官能团、侧链和氢键,结构相对松散,芳香层的叠合厚度和直径都比较小,排列有序性也较差。一旦受到挤压应力的持续作用,煤的基本结构单元芳香片会不断被压密并定向排列,多种官能团和侧链也将相继发生脱落。

而拉张应力与剪切应力的煤化作用相对较弱,表明它们独特的伸展作用方式,难以促进煤大分子芳环的缩合与拼叠,在脆性弱变形阶段对煤化作用的影响极其有限,尤其是由滑覆作用引起的剪切应力作用时间最短,对煤化作用影响最小。上述应力变质作用机理完全符合重力滑动构造的动力学与运动学模式。

正是由于不同构造应力具有不同的煤变质效应,因而空间上导致研究区瓦斯含量的不均匀性。总体来说豫西滑动构造南翼浅部挤压作用明显,其应力场复杂且具有各向异性特点,对煤层气的形成具有最强的促进作用,一般赋存突出或高瓦斯矿井,如大平煤矿与告成煤矿;剪切应力主要由顺层滑动作用引起,应力场强度有限,作用时间较短,对煤层气产生的影响最小,一般赋存中、低瓦斯矿井,如超化煤矿;拉伸应力同样具有促进作用,其影响效果介于前两者之间。

第二节 瓦斯突出的力学驱动特征

煤作为一种沉积矿产,井下开采时常常会遇到各种地质结构面。结构面从成因看大都应该属于构造作用形成,其组成物质往往是地质历史时期的构造岩或风化产物。由于受地质环境因素影响,结构面材料性能变化较大,一般相同于工程上的软弱结构面。在深部开采条件下，当巷道掌子面遭遇含瓦斯断层或煤层时，前方岩柱中的结构面与瓦斯将产生流-固耦合作用。大量研究表明，由于开挖扰动和高压瓦斯气体的共同作用，岩体中的微裂隙会产生损伤效应，在宏观上表现为开启、张裂与延伸等现象，形成的裂隙在很短时间内贯通整个防护岩柱，从而产生瓦斯突出现象。因此，在存在瓦斯超前突出的可能性时，实际采矿应保留一定厚度的安全岩柱作为相应的防护措施。

瓦斯突出防治一直是学术界多年试图解决的世界性难题。国内外学者对瓦斯做了很多研究，如于不凡（1985）指出：煤与瓦斯突出是从离工作面某一距离处的发动中心开始的，而后向四周扩散，即所谓的中心扩张学说；周世宁和何学秋（1990）在研究了瓦斯在煤层中的流动机理后指出，煤与瓦斯突出是含瓦斯煤受采动影响后，地应力与孔隙中瓦斯气体耦合的一种流变过程，瓦斯在孔隙结构中的流动主要是扩散运动，符合菲克定律；在煤层裂隙中的流动属于渗流运动，符合达西定律；俞启香（1992）所提出煤壳失稳假说，总结了瓦斯突出过程中煤（岩）体的破坏形式，强调煤和瓦斯突出的实质就是地应力破坏煤体、煤体释放瓦斯、瓦斯使煤体裂隙扩张并引起煤壳破坏的一系列链式反应，而煤体的破坏则以球盖状煤壳的形成、扩展及失稳为主要特点；张宏伟等（2000）则对瓦斯动力现象进行了详细的研究，提出了瓦斯突出与地应力耦合研究的新课题。本书以郑州大平煤矿±0m水平21岩石下山一次特大型突出事故为例，通过对ABAQUS软件的二次开发，研究复杂地质条件下瓦斯运移的全过程与控制因素，对断层带瓦斯突出的力学驱动机理给予了合理解释。上述成果对华北地区煤矿尤其是"三软"矿区的瓦斯防治具有重要的借鉴意义。

一、裂隙弹塑性变形特征

1. 裂隙的开裂条件

一般来说，任何材料的抗拉强度都远远小于抗压强度。所以在应力作用下，岩体往往最先发生拉张破坏。根据最大拉伸破坏强度准则得出如下破裂条件：

$$\rho = \min[\sigma_t + (3-\lambda)\sigma_z, \sigma_t + (3\lambda-1)\sigma_z] \tag{1-1}$$

式中，ρ 为开裂极限应力；σ_t 为煤岩体抗拉强度；σ_z 为垂向应力；λ 为侧压力系数。

式（1-1）表明侧压力系数 λ，即垂直地应力与水平地应力的比值，在裂隙破裂过程中起主导作用。在地下半无限空间，侧压力系数 λ 为

$$\lambda = \frac{\mu}{1-\mu} \tag{1-2}$$

式中，μ 为泊松比。

可见材料的侧压力系数又取决于自身的变形参数。换言之，岩体的变形特性与分布也决定着裂隙开裂的程度与方向。事实上，当结构面为各向异性的不均匀体时，裂隙两侧岩体的变形差异性或对比性，是影响裂隙起裂、扩展与延伸的最主要因素。

2. 裂隙的损伤过程

自然界岩体天然赋存着众多结构面，必然是瓦斯线状突出与传播的最佳介质。工程中岩体裂纹劈裂一般为压剪破坏模式，在断裂力学中表现为 II 型裂纹破坏。由弹性力学平面问题的解答，可以得出裂纹尖端附近的应力场：

$$\begin{cases} \sigma_x = \dfrac{-K_{\text{II}}}{\sqrt{2\pi r}} \sin\dfrac{\theta}{2}\left(2 + \cos\dfrac{\theta}{2}\cos\dfrac{3\theta}{2}\right) \\[3mm] \sigma_y = \dfrac{K_{\text{II}}}{\sqrt{2\pi r}} \sin\dfrac{\theta}{2}\cos\dfrac{\theta}{2}\cos\dfrac{3\theta}{2} \\[3mm] \tau_{xy} = \dfrac{K_{\text{II}}}{\sqrt{2\pi r}} \cos\dfrac{\theta}{2}\left(1 - \sin\dfrac{\theta}{2}\sin\dfrac{3\theta}{2}\right) \end{cases} \quad (1\text{-}3)$$

式中，r，θ 为裂纹尖端附近点的极坐标；σ_x，σ_y，τ_{xy} 为应力分量。

由式（1-3）可以看出，在裂纹尖端，即 $r = 0$ 处，应力趋于无限大，应力在裂纹尖端出现奇异点。而图 1-5 中裂纹尖端应力也总大于其他部位，直至破坏应力才有所减小。

学术界目前一般采用 Biot 有效应力原理（Biot，1941），解决岩体中的流、固相互作用问题。由于 Biot 有效应力适用于水质流体，对于瓦斯等具有高压缩性的气体则有一定的局限性，所以许多学者对 Biot 有效应力进行了修正，引入孔隙气压力，把体积变化转换为等效压力变化从而进行模拟计算。其数学表达式为

$$\sigma'_{ij} = \sigma_{ij} + \alpha\delta_{ij}[\chi P_{\text{w}} + (1+\chi)P_{\text{a}}] \quad (1\text{-}4)$$

式中，σ'_{ij} 为有效应力；σ_{ij} 为总应力；δ_{ij} 为 Kronecker 符号；α 为 Biot 系数，并且取 $\alpha=1$；p_{w} 与 p_{a} 分别为孔隙水压力和孔隙气压力；χ 为与饱和度和表面张力有关的常数。

综上所述，含瓦斯的裂隙损伤及其破坏是一个持续的发展过程，而孔隙气压力的扩张侵蚀作用促进了这一力学趋势。如果岩体中结构面的扩展最终贯通前方安全岩柱，高速运移的瓦斯就会由掌子面呈线状向巷道突出，并产生冲击波，对围岩造成较为严重的动力效应。因此，裂隙损伤破坏的力学行为是断层带瓦斯高速运移，甚至突出的最重要因素。

二、地质背景

1. 工程地质条件

大平煤矿位于豫西登封市与新密市交界处,构造位置处芦店滑动构造中段南翼内弧一侧,隶属于郑州煤炭工业(集团)有限责任公司(图 1-5)。该矿 1986 年建成投产,设计生产能力 60 万 t/a,2003 年核定生产能力 130 万 t/a。矿井开采煤层为二叠系山西组二$_1$煤,厚度为 1.1~30.0m,倾角一般为 7°~19°。实测煤层坚固性系数 f 最小为 0.12,瓦斯放散初速度 $\Delta P>30$。

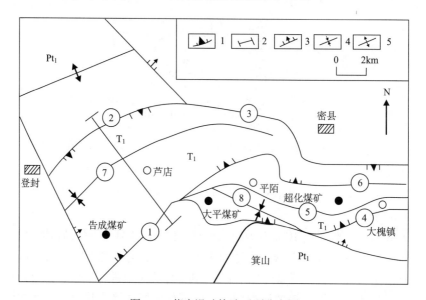

图 1-5　芦店滑动构造平面分布图

1. 滑动构造;2. 剖面线;3. 正断层;4. 向斜轴;5. 背斜轴

①石棕河断层;②月湾断层;③牛店断层;④新庄断层;⑤葛沟断层;⑥大槐断层;⑦颍阳芦店向斜;⑧大平向斜

该矿 2004 年开采水平设在±0 水平,由于水文地质条件相对简单,主要大巷均布置在二$_1$煤层底板石炭系太原组 L_{7-8} 灰岩或附近层位中。21 岩石下山是为采区专用回风巷而设计,自 11 采区上车场±0 标高开口至掘进面,总长度超过 1700m。

2004 年 10 月 20 日,在 21 轨道下山岩石掘进工作面迎头,标高−282m 即垂深 612m 处,突遇一倾向南西、落差约 10m 的逆断层(图 1-6)。由于前期施工中尚未查明前方隐伏断层,更未超前预留安全岩柱,最终导致了特大型煤与瓦斯突出("10·20"事故),总计突出煤(岩)量为 2273t,瓦斯量为 47621m³,造成 148 人死亡,32 人受伤。

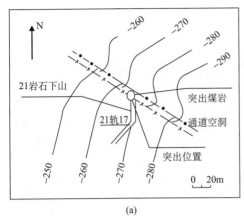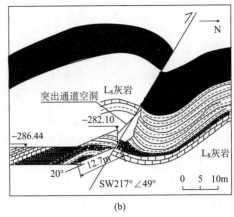

图 1-6　岩石下山煤与瓦斯突出位置与断层关系

（a）平面图 ；（b）剖面图

据现场事故记录，瓦斯沿二₁煤底板泥岩层位突出，开口位于工作面的中上方；突出形成的空洞即突出通道为一宽 2.2m、高 1.6m、长 7.3m 的柱状体，轴线倾向南西 238°，倾角 43°，与优势结构面产状基本一致。突出后煤（岩）堆积体体积为 1460.9m³，重量为 1894t，其中大块崩落体最大直径达 2.2m，厚度 50cm。从突出体的岩性分析，为深灰至灰黑色砂质泥岩或泥岩，层面上观察到大量的被挤压错动、光亮镜面，擦沟擦槽中镶嵌有构造煤体，岩块中常见有被断层挤压牵引而弯曲变形的特征，由此推测断层下盘的大量煤（岩）体也穿越断层加入其中。

2. 瓦斯地质条件

大平矿区最重要的特征是逆冲断层发育，落差大于 10m 的断层有 12 条，总密度达 2 条/ km²，在豫西煤田实属罕见。其中走向断层比较发育，吴庄逆断层、桥板河逆断层、周山逆断层、马沟逆断层落差均在 50m 以上，矿井断层带瓦斯突出严重，如位于吴庄逆断层上盘的 14051 下付巷沿走向掘进至 55m、65m 及 650m 时，连续突出瓦斯 1000m³、400m³ 和 1500m³，喷出煤岩量分别为 20t、10t 和 8t。

21 岩石下山开凿于大平向斜核部，巷道位于二₁煤层底板以下至奥陶系灰岩顶板以上，属于石炭系中下统（C₂₋₃）海陆交互相的一套砂、泥岩地层中。其间夹 6 层厚度为 0.37～2.99m 海相沉积的灰岩薄夹层。根据矿井地质资料，21 岩石下山总长度超过 1700m，布置在煤层底板灰岩内，巷道揭露的断层带突出点附近的岩性变化很大，从砂岩过渡到石灰岩，再过渡到砂质泥岩和泥岩，众多的沉积界面构成了煤与瓦斯突出的有利围岩条件。事故案发地轨₁₂点处巷道高约 3m，净断面积为 10.32m²，上距煤层底面 12～15m。迎头前方围岩中的两个沉积界面比较典型，分别为由浅灰色灰岩和深灰色泥岩构成的上层面，以及由深灰色砂质泥岩与浅灰色灰岩构成的下层面。

3. 施工条件

从 21 岩石下山下段变坡点，即轨 12 点至轨 17 点，围岩划分为Ⅱ级，岩性主要为石灰岩、泥岩与砂质泥岩。岩质坚硬，节理稀少，自稳能力较好。轨 17 点至瓦斯突出点为 F1 断层破碎带，岩体稳定性逐渐变差。在高瓦斯矿井或高瓦斯区段，断层破碎带爆破作业尤其要做到避免扰动围岩，故采用松动爆破开挖方法，实施低威力低爆速炸药、小直径不耦合空气装药以及孔内微差爆破方案。炮眼仅布置 5～6 个，眼深 3～5m，炮眼打成直眼，每个炮眼装药 1～3kg，爆破后仅能松动而不得把岩体崩出，掘进工作面前方保证有 3～5m 的超前松动带（图 1-7）。

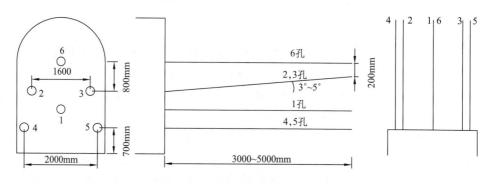

图 1-7　岩巷掘进面爆破炮眼布置图

通过掘进面爆破将前方岩体松动，可以使应力集中带向掌子面前方移动，并在一定距离形成卸压带，为排放断层带瓦斯打开通路，以达到减小或消除突出危险的目的。

三、断层带瓦斯运移特征

1. 地质模型

所谓地质模型，就是依据工程性状，将重要的工程地质条件，亦可称要素，按实际状态简明醒目地用图形表示出来；简言之，即工程与地质条件相互依存关系的图示。本次计算模型选择在二 1 煤底板太原组地层中，为一含块裂状泥岩、石灰岩和砂质泥岩三层不同岩性的柱状体，轴向与地层走向一致，与断层走向垂直。模型计算深度取标高−278～−290m，x 方向长 20m，y 方向宽 10m，z 方向高 12m。模型侧面限制水平位移，底面限制竖向位移，模型上部模拟上覆岩层重力，取 σ_z=15MPa，侧压系数 x 方向为 λ_x=1.05，λ_y=1.10。

　　模型左端为巷道掘进面，断面形状简化为 $r=1.6\mathrm{m}$ 的圆形；右端为含瓦斯断层面，产状近直立。由于将断层破碎带视为多孔介质，因而其间赋存有高压瓦斯，根据附近监测资料，瓦斯压力设为 3MPa。模型长度是整个地质模型确定的关键，应满足下列两个条件：第一，掘进面的初始位置应处在极限损伤距离（即岩柱最大安全厚度）之外；第二，迎头开挖所引起的二次应力已经波及前方裂隙损伤处。为节约计算量，通过一系列由稀到密的试算，最终确定 x 方向计算起始长度为 20m。此外，根据地面勘察和井下实测资料，太原组地层倾角极其平缓，所以将工程地质模型中的全部岩层均作为水平产状来处理（图 1-8）。

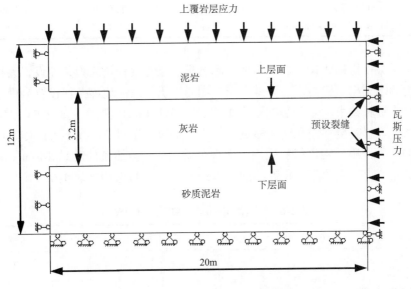

图 1-8　岩石下山瓦斯突出地质模型图

2. 计算模型

　　本次数值模拟设置 21 下山轨道向断层面掘进，根据地层分布特征，在模型中，分别建立三种介质材料类型，即泥岩（上层）、石灰岩（中层）、砂质泥岩（底层）。为了更真实反映实际模拟参数，在大平煤矿井下现场编录与采样，应用地质力学分类指标中的 RMR 法（rock mass rating）对相应层位岩体的力学性能进行实地评分，求和得总 RMR 值后再对各项力学指标的实测数据进行折减，本次模拟确定折减系数为 0.9，处理后所采用的各岩石介质的物理力学参数如表 1-5。

表 1-5　岩石物理力学参数表

参数	泥岩	石灰岩	砂质泥岩
弹性模量 E/MPa	500	36300	6860
泊松比 υ	0.30	0.22	0.27
岩石密度 ρ/（kg/m³）	1800	2660	2240
初始孔隙率 n_0/%	0.089	0.075	0.106
内摩擦角 φ/（°）	27	42	33
极限抗拉强度 τ/MPa	0.6	5.3	1.0
初始渗透率 K_0/m²	8×10^{-10}	1×10^{-13}	1×10^{-12}
瓦斯黏度系数 μ/（Pa·s）	1.84×10^{-5}	1.84×10^{-5}	1.84×10^{-5}
瓦斯初始密度 ρ/（kg/m³）	1.4	1.4	1.4

　　参考大平煤矿"10·20"事故实际突出层位与过程，应力条件设置为初始受地应力和水平构造应力，二者处在一个相对平衡状态；边界条件设置为模型两端采用水平链杆约束，底部边界采用固支约束，从而限制模型在竖直方向上的位移；荷载条件设置完全参照瓦斯运移过程，除二次应力作用外，尚不考虑施工过程中产生的动力作用。岩体材料采用弹塑性介质，变形破坏条件满足 Mohr-Coulomb 屈服准则，上、下两个沉积界面的 Cohesive 单元参数选用如表 1-6。

表 1-6　结构面 Cohesive 单元的材料参数

参数	弹性模量/GPa	t_n^0 /MPa	t_s^0 /MPa	t_t^0 /MPa	T_{eff}^0 /MPa
上层面	0.5	1.0	0.6	0.6	0.6
下层面	6.8	1.5	1.0	1.0	1.0

　　综合考虑 21 岩石下山的实际工况与地质条件，最终建立三维有限元计算模型（图 1-9），并创建三个开挖阶段以模拟实际开挖工序：开挖 1m 定义为巷道开挖第一阶段，开挖 3m 定义为巷道开挖第二阶段，开挖 5m 定义为巷道开挖第三阶段，每个开挖阶段的工作内容都被认为是瞬间完成。为便于观察下层面处的损伤-渗流耦合特征，特将开挖岩层隐藏，只显示上、下两个界面单元。

3. 数值模拟分析

1）损伤系数发展云图

　　从裂隙损伤的微观角度分析，沉积界面的稳定性无疑由两侧岩层的力学性能决定。如果考虑将上、下岩层的变形参数比作为影响沉积界面损伤的因素，则根

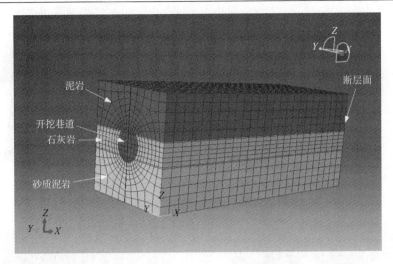

图1-9 岩石下山瓦斯突出三维有限元仿真模型图（彩图）

据式（1-2）及表1-5中的数据分析，本案例中上层面的界面结构性，即层面两侧岩体力学性能的对比性明显强于下层面。

　　巷道开挖打破了围岩初始应力场的平衡，所引起的二次应力作用的范围，一般在掘进面前方约1.0～1.5倍洞径处，围岩性能较软时甚至可达2.0～2.5倍洞径处。在开挖二次应力与瓦斯压力的共同作用下，上、下层面的损伤系数$D=1$的红色区域不断扩大，扩展范围却不尽相同（图1-10）。与初始状态相比[图1-10（a）]，巷道一阶段的上层面x方向损伤范围达到6.2m，下层面达到4.1m[图1-10（b）]；而y方向上的损伤分布区域同样明显增大，整个模型宽度上基本都为损伤区。巷道二阶段[图1-10（c）]，上层面的损伤范围开始出现急速扩展现象，尤其在x方向的扩展长度达到了9.7m；下层面损伤系数分布范围略有扩展，仅为4.6m。巷道三开挖后[图1-10（d）]，下层面损伤范围延伸很小，为4.8m；上层面在整个Cohesive单元长度上都出现了损伤现象，巷道掘进面前方首次出现了长约1.2m的材料破坏区域，断层面一侧的红色区域更是延伸至12.2m，此时左、右红色区域接近贯通。对比图1-10各个开挖阶段中的损伤系数发展过程，可以认为在巷道三状态下，15m岩柱厚度已接近破坏临界状态，此时巷道应加强监测，不宜再向前盲目开挖。

　　深入分析图1-10中上、下层面的整个损伤演化过程，在掘进面卸压状态下，右侧气体内压力对岩体的侵蚀破坏明显占主导地位，初始地应力的变化对裂隙损伤的影响较小。在层状体系中开挖的巷道，无论是应力还是变形都集中在原始薄弱面或软弱层位，形成沉积岩层特有的"损伤强化"现象。而且界面差异性强的结构面，如本节中的上层面，将是损伤软化现象的最优先产生部位。

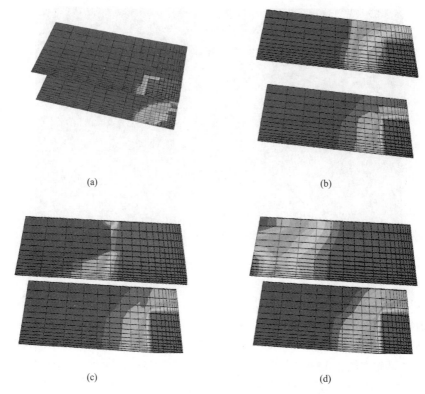

(a)　　　　　　　　　　　　　(b)

(c)　　　　　　　　　　　　　(d)

图 1-10　巷道开挖过程中损伤系数发展云图（彩图）

（a）初始阶段；（b）第一阶段开挖 1m；（c）第二阶段开挖 3m；（d）第三阶段开挖 5m

2）瓦斯压力发展云图

图 1-11 为损伤–变渗流参数耦合条件下各阶段气压发展过程云图，当巷道开挖距离断层带尚有 20m 时，右侧边界附近已经存在一个红色气压导升带，与边界初始条件相比增幅为 0.3MPa［图 1-11（a）］，原因即岩体损伤直接导致孔隙气压上升。图 1-11（b）中，气压导升带相对初始阶段发生了较大的扩展，由断层带至巷道掘进面方向，上、下层面均推进了 12～13m，并且在右侧断层面端部出现了气压高达 3.0～3.5MPa 的红色高值区，这些现象的产生，主要是受巷道开挖所产生的二次应力影响，地下天然应力环境发生改变所致。应力的增加与裂隙的损伤均导致局部地带孔隙压力的增高，正是这增高的气体压力驱动着瓦斯沿损伤层面向掌子面渗流。

随着巷道开挖不断向前推进，从断层带含气层沿上层面有一股渗流向掌子面急剧扩展［图 1-11（b）（c）］，该气压带前锋在第三阶段已接近掌子面［图 1-11（d）］，渗流扩散区基本涵盖了岩柱体内的上层面，几乎击穿厚达 15m 的岩柱厚度；而下层面瓦斯扩散范围基本不变,在掘进面前方仅形成一个较宽缓的压力梯度及较小范围的瓦斯高压带,瓦斯突出的危险性相对较小,主要出现倾出与涌出现象(图1-11)。这可以解释实际采掘工程中,为何在尚未达到含气断层带或煤层等目标层时,岩石巷道中的变形强化结构面,会发出由瓦斯运移产生的隆隆的雷声或清脆的鞭炮声,甚至会有瓦斯超前突出现象。

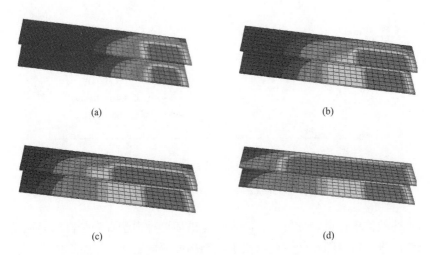

图 1-11 巷道开挖过程中瓦斯压力发展云图(彩图)

(a)初始阶段; (b)第一阶段开挖 1m; (c)第二阶段开挖 3m; (d)第三阶段开挖 5m

图 1-12 为工况三临界状态下,岩柱内上、下层面中心线的瓦斯压力分布图。从图中可以看出,上下两层 Cohesive 单元瓦斯压力分布与压力梯度特征相差很大。上层面总体渗透性能好,瓦斯流动快,在原始应力带大量积聚,但在左侧约 4.5m长的应力集中带,由于渗透性骤然变差,瓦斯压力急剧下降,形成所谓的"二高"(高应力与高梯度)与"一低"(低渗透)的前锋带。而瓦斯一旦"击穿"爆破松动带岩体,必将形成冲击波向巷道快速突出。

反观下层面瓦斯压力分布则有所不同,曲线虽呈现一定的波动性,但总体上压力梯度分布宽缓且较为均匀,高压带离掌子面尚有一定距离,因而岩体内瓦斯流动慢,难以出现动力现象(图 1-12)。这可以解释实际采掘工程中,为何同一巷道有时会发生瓦斯突出,有时只会发生瓦斯涌出或倾出。究其原因,不同岩体或结构面有着不同的动力响应特征。软岩或软弱夹层传播地震波的能力较差,虽具有一定的隔震效应,但本身要吸收大量振动能量,容易受损破坏而形成大量空隙,从而有效地改善了软岩的渗透性能,加速了瓦斯的运移与富集。

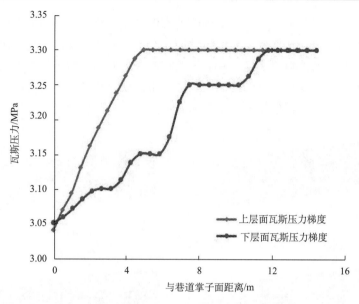

图 1-12 临界状态下岩层面瓦斯压力分布曲线

对上述数值模拟进行分析，裂隙损伤与破坏这种力学行为是自然界瓦斯突出的最重要因素，但裂隙损伤主要取决于其结构面两侧岩体变形特性的差异程度。在巷道开挖二次应力以及瓦斯气压的固-流耦合作用下，结构面将优先产生"损伤强化"现象；而且界面性越强，即两侧岩性差异性与对比性越强的结构面，其损伤与瓦斯渗流的现象越明显。反之，其他界面性差的结构面损伤与渗流现象不明显。因此，由沉积岩构成的层状组合岩体，其层面是井巷工程中的结构薄弱部位。当前方遭遇含瓦斯断层时，气体在裂隙损伤部位容易渗透聚集成高压带。瓦斯突出前，高压瓦斯逐步"击穿"岩柱中的损伤层面，而并非通过"中心式"或"球壳状"方式来击碎整个岩柱。这一结论与大平煤矿"10·20"突出案例相吻合。

第三节 瓦斯突出的动力驱动效应

瓦斯突出冲击波对巷道围岩的动力效应问题一直是岩土界试图解决的学术难题之一。近年来，我国学者对此进行了大量研究工作，周世宁等（2007）通过对含瓦斯煤样在三维受力状态下流变特性的研究，得出了含瓦斯煤样蠕变行为的数学模型，能够较好地阐明突出机理；于不凡（1985）指出：煤与瓦斯突出是从离工作面某一距离处的发动中心开始的，而后向四周呈球形扩散，即著名的中心扩张学；尹光志等（2008a，2008b）借助自行研发的试验系统，得出了煤与瓦斯的突出强度跟煤样的物性有关的结论。在冲击波传播规律方面，仅有学者对坑道或井下爆炸产生的冲击波，以及巷道的破坏效应进行了研究。程五一等（2004）建立起突出冲击波超压传播的数学模型，得出超压与瓦斯压力、突出强度之间的相互关系；吴爱军等（2011）通过突出模拟试验，建立起冲击波在煤岩体中的一维传播模型，并分析了其主要传播规律。目前冲击波的基础理论虽然比较完善，但很少有人涉及断层带瓦斯突出以及冲击波对巷道围岩的三维动力效应。本节仍然结合大平煤矿"10·20"突出事故案例，通过分析断层带瓦斯突出方式，基于冲击波动能量守恒原理，建立扇形冲击波超压和速度方程，并据此推导出扩散角与衰减距离的计算公式。最后应用有限元分析软件 LS-DYNA 以及 LS-PrePost 后处理软件，对三维冲击波作用下的巷道围岩的动力响应进行深入研究和分析。

一、断层瓦斯突出的冲击波特征

分析大平煤矿"10·20"事故的地质条件，该案例无疑属断层面损伤的瓦斯线形突出。突出时瓦斯气体既不是从整个掌子面向前传播，也不是从某个中心点开始扩散，而是沿断层带运移至掌子面，在两者交线处呈线形向外突出。研究表明，在瓦斯线形突出冲击段，其前锋呈扇形向外运动并以 2α 角度为边界向巷道内作单向直线传播（图 1-13），α 的大小由流体参数和突出点的空间产状决定，设断层贯通形成的瓦斯运移通道为均匀体，则冲击扩散角度类似于超声速扁喷管的出射冲击问题。

1. 冲击波的形成方式

假设有一均匀的超声速气流平行于管壁自左向右运动，管壁在 O 点向外弯折一个微小角度 $d\delta$（图 1-14）。如果气流在通过 O 点后仍按照原来的方向流动，则 OB 和 OC 之间会形成一个微小的真空区。因此，对于整个气流来说，会产生一个较小的负压扰动，即获得一个压强负增量$(d\delta < 0)$。

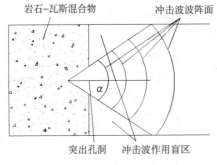

图 1-13　突出冲击波膨胀图

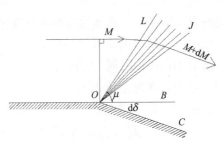

图 1-14　膨胀波形成示意图

　　根据气体波动理论，如气流运动以膨胀波方式呈现加速过程，则气流参数值的变化只取决于波前气流参数和外折的角度。如果膨胀波区是一个无限大区域，则气流会一直加速；当出射膨胀区为有限的巷道空间时，则冲击到巷道周壁后气流就开始衰减。

2. 冲击扩散角的计算方法

　　可以设想，当超声速气流从扁细管喷嘴处喷出时，如果外界压强小于气流在管口处的压强，则形成的膨胀波气流会外折一定的角度。鉴于外界低压气体对气流的扰动，与外折管壁对气流的扰动具有相同原理，因此气流经过膨胀区时压强降低，导致马赫数 M 增大，从而产生外折 δ 角度。可见 δ 的大小由波前气流参数和外界压强所决定（图 1-15）。

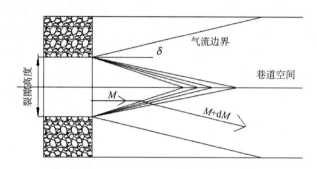

图 1-15　超声速气流喷射形成的膨胀波

　　由张瑜（1983）可知，当初始气流为等声速流时，可以得出波前气流参数、外折角度和波后气流参数的关系式：

$$\delta = \sqrt{\frac{\gamma+1}{\gamma-1}}\arctan\sqrt{\frac{\gamma-1}{\gamma+1}\left(M_2^2-1\right)} - \arctan\sqrt{\left(M_2^2-1\right)} \qquad (1\text{-}5)$$

式中，δ 为气流的外折角度，（°）；γ 为气体的比热比，取 1.4；M_2 为波后气流的马赫数，即波后气流速度与当地声速之比。

　　此时，若知道波后气流马赫数 M_2，便可以计算出气流的外折角度。于是，对于波前 $M_1=1$ 的气流，根据式（1-5）可以做出气流外折角 δ 与波后气流数 M_2 的对应关系表，同时由于 M_2 已知，可做出波后气流压强、密度和温度与总参数之间的比值。本节中瓦斯来流 $M_1=1$，压强 $p=3$MPa，由等熵膨胀数值表，$M_1=1$，$p_1/p_0=0.5283$，则 $p_2/p_0=0.1761$。由该表同时可以查出，与 $p/p_0=0.1761$ 对应的波后气流马赫数 M_2 为 1.792，气流外折角 δ 为 20.5°，式（1-5）中 δ 计算值即为本节提到的扩散角 α。

瓦斯从断层带突出后,正是由于气体的膨胀外折效应,导致冲击边界呈2α扩散角与巷道顶、底面相交,在剖面上构成上、下两个三角形区域（图1-13）,它位于掌子面后方一定距离内。由于该区域没有遭受冲击波直接作用,岩体相对比较完整,生产矿井俗称突出盲区。由事故现场记录可知,21岩石下山突出空洞高度约为1.6m,扩散角约为19.98°,与理论计算值较吻合。

二、瓦斯突出的波动特征

1. 冲击波理论

岩石与瓦斯突出之前,巷道中空气的流动处于一种平衡状态。突然喷出的瓦斯气体如同一个巨大的活塞,以很大的速度冲击并压缩巷道内未扰动的空气,使其压力、密度、温度产生突跃。紧邻冲击分界面的气体首先受压,然后又压缩下一层相邻气体,致使邻层气体参数发生突变,最终形成同向冲击波（图1-16）。

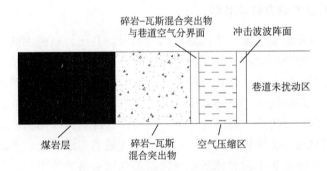

图1-16　岩石与瓦斯突出过程示意图

冲击波是一种强烈的压缩波,气体的各参数在跃变前后满足质量、动量和能量守恒定律。由于冲击波的波阵面厚度极薄,其跃变过程可参照理想气体。设巷道内冲击波前方未扰动气体的状态为p_0,ρ_0,v_0,冲击波后方气体的状态为p_1,ρ_1,v_1,冲击波传播速度为D（图1-17）。

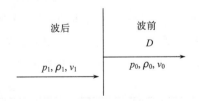

图1-17　理想气体冲击波波阵面示意图

则由曲志明等（2008），瓦斯突出后冲击波所遵循的超压及波速方程为

$$
\begin{cases}
\Delta p = p_1 - p_0 = \delta \dfrac{W}{s} x^{-1} \\
v_1 = \dfrac{2D}{k+1} = \eta \left(\dfrac{W}{s \rho_0 x} \right)^{1/2}
\end{cases}
\tag{1-6}
$$

式中，$\delta = \dfrac{2(k^2-1)}{3k-1}$，$\eta = \left[\dfrac{4(k-1)}{3k-1} \right]^{1/2}$；$k$ 为气体压缩系数，即用来衡量实际气体接近理想气体程度的参数，取 1.05；W 为岩石与瓦斯突出总能，J；s 为突出巷道横截面面积，m^2；x 为冲击波传播距离，m。

　　由于地下空间围岩的限制，瓦斯突出后产生的冲击波不断被反射和叠加。相对在自由大气中的传播方式，其超压峰值和作用时间都有所增加，从而大大增加了冲击波的破坏能力。

2. 巷道围岩的动力破坏准则

　　突出冲击波在宏观上是一个高速运动的高温、高压、高密度的曲面压缩波，对巷道内壁会产生强烈的冲击作用，造成围岩应力场重新调整，易诱发围岩体内弹性应变能的突然性释放，使巷道产生地（矿）震等地质灾害；突出冲击波也能对井下工作人员造成伤害，重则可引起内脏器官严重损害，导致死亡，轻则可引起听觉器官损伤、骨折等。有研究认为，人体经受冲击波作用的波阵面峰值超压不应超过 0.02MPa。我国长江科学研究院经过大量的实地统计和观测，总结出地下巷道质点振动速度和工程岩体的破坏状态的判别关系（表 1-7）。

表 1-7　质点振动速度与地下巷道状态

破坏分级	质点振动速度/（cm/s）	地下巷道破坏状态
0	0.8～5	一切如故，不受影响
1	5～10	土洞内有掉块，未支护松散岩洞内有小掉块
2	10～20	岩体中有裂隙扩展，破碎岩体有掉块
3	20～30	岩洞内有大掉块，小规模塌落，岩柱有掉块
4	30～60	支护出现裂隙，顶板有塌方
5	60～90	地下工程或砌体破裂，硬岩中裂隙扩展严重
6	>90	地下工程严重破坏

三、冲击波对巷道围岩的动力效应

1. 计算模型

设 21 岩石下山埋深为 612m，掌子面边长为 3.2m，前方断层带瓦斯气压力为 3MPa。模型中围岩的本构模型采用非线性塑性材料模型（*MAT_PLASTIC_KINEMATIC），以及 SOLID164 三维实体单元，建模生成长、宽、高分别为 300m、100m、100m 的计算模型，巷道位于正中间。模型两侧边界采用水平链杆约束，底部边界采用固支约束，限制模型在竖直方向的位移。依据事故调查资料，巷道围岩为砂质泥岩，中间预设一水平状断层空洞，高为 1.6m，长为 2.2m，生成的计算模型如图 1-18，岩体参数如表 1-8。

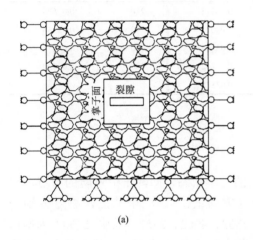 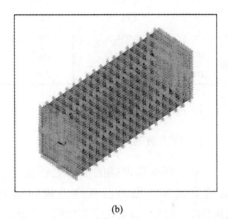

(a)   (b)

图 1-18 计算模型（彩图）

（a）地质模型；（b）数值模型

表 1-8 岩体参数

参数	$E\,/\,GPa$	μ	$\rho\,/\,(kg/m^3)$	$c\,/\,MPa$	$\varphi\,/\,(°)$
数值	0.587	0.232	2179	5	27

鉴于瓦斯突出持续的时间很短，通常都在几秒之内，而且传播过程中无能量补给，故本模型用脉冲波代替冲击波来模拟对巷道内壁的作用。设突出冲击波超压峰值满足式（1-6），但要确定冲击波峰值超压，需要知道突出总能量 W。在不考虑瓦斯粉碎岩体、摩擦产热及碎岩-瓦斯之间交换能量的前提下，程五一等（2004）指出，突出总能量 W 就是突出瓦斯的膨胀功，并且给出了 W 的计算公式：

$$W=Gw=G\frac{p_0V_0}{n-1}\left[\left(\frac{p_c}{p_0}\right)^{\frac{n-1}{n}}-1\right] \qquad (1\text{-}7)$$

式中，W 为突出总能量，J；G 为突出强度，t；w 为吨煤瓦斯膨胀能，J/t；V_0 为突出过程做功的吨煤瓦斯涌出量，m^3/t；n 为绝热指数，取 1.4；p_0 为大气压力，取 0.1 MPa；p_c 为突出前瓦斯压力，取 3 MPa。

由大平煤矿实例工程可知，$V_0 = 47621/2273 = 20.95\,m^3/t$，$G=2273t$，则由式（1-6）可以得出距离突出点不同位置 x 处的峰值超压 Δp（表 1-9）。

表 1-9　峰值超压的计算结果

X/m	Δp/MPa	X/m	Δp/MPa	X/m	Δp/MPa
20	0.28275	120	0.04713	220	0.02570
40	0.14138	140	0.04039	240	0.02356
60	0.09425	160	0.03534	260	0.02175
80	0.07069	180	0.03142	280	0.02020
100	0.05655	200	0.02828		

2. 冲击波对围岩的侵蚀特征

1）冲击波对顶壁的侵蚀特征

考虑到巷道顶壁的节点处于最不利的力学状态，即冲击最危险的节点，因此首先自掌子面沿着巷道顶板向掘空区方向依次取 8 个节点，编号分别为 19602、17152、14702、12252、9802、7352、4902、2452。其中 19602 为扇形冲击波前锋与顶壁相交的节点。17152 节点距离掌子面 40m，其余节点均相距 40m。由表 1-9 得出不同距离处的峰值超压，并拟合出冲击波作用曲线，采用分段加载的方式代入 LS-DYNA 中计算，则得出沿 Y 方向 9 个节点的动力响应关系曲线（图 1-19）。

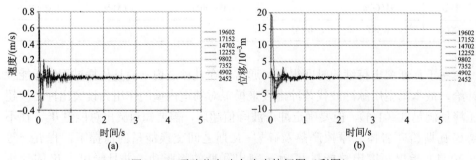

图 1-19　顶壁节点动力响应特征图（彩图）

（a）速度图；（b）位移图

就某一个质点而言,在冲击波作用下,其速度和位移很快达到峰值。由于没有能量补充,随着时间的推移,相应质点的速度和位移逐渐减小。对于不同质点而言,在距离掌子面较远处,冲击波的初始速度[图1-19(a)]和初始位移[图1-19(b)]相对较小,并随着时间急剧衰减。由此可见,岩体质点对冲击波的动力响应具有瞬时性与衰减性,这一点与爆炸冲击波相似。

为探索围岩对冲击波响应的三维分布,由图1-19得到各个节点的速度和位移峰值(表1-10)。沿巷道轴向,距掌子面2.1m处的19602节点速度最大,为78.015cm/s,构成动力效应最大区。左侧情况比较特殊,突出冲击波前锋呈扇形向巷道空间传播,其边界便与巷道周边在剖面上构成两个三角形区域(图1-13),该区域是突出瓦斯冲击波作用的盲区或低值区,围岩保存相对完好。而该节点右侧,随着离掌子面距离的增加,岩体质点的速度峰值变小,说明冲击波在向外传播过程中,能量消耗在侵蚀、搬运破碎岩体上,因而破坏强度沿着巷道轴向总体呈衰减状态。

表1-10 顶壁节点速度和位移峰值

参数	节点编号							
	19602	17152	14702	12252	9802	7352	4902	2452
Y方向速度/(cm/s)	78.015	42.394	14.154	9.732	5.993	4.956	4.349	2.849
Y方向位移/10^{-3}m	19.564	7.637	5.475	3.302	1.840	1.583	1.194	1.097

另外,由峰值超压计算结果(表1-9)可以看出,约在离掌子面280m处,超压衰减为0.02MPa,对人体已经无危害作用;在此压强作用下,巷道顶壁质点的速度为2.849cm/s,符合表1-7中的0级状态,巷道没有任何破坏,故认为此冲击波破坏极限距离约为280m。而大平煤矿"10·20"特大突出事故实测的冲击波破坏极限距离为256m,略小于理论计算和模拟结果。分析计算和模拟中,没有考虑巷道内壁的粗糙对冲击波造成的衰减效应。

2)冲击波对侧壁的侵蚀特征

事实上,瓦斯沿断层空洞突出后,高压气体同样呈一定的扩散角对巷道左右侧壁产生冲击,产生的侵蚀作用也具有分带性。由式(1-6)得出,扩散角只与波前气流参数和外界压强的大小有关,故侧向扩散角的大小与α相同。图1-20表示同一截面上与顶壁节点相对应的侧壁节点在相同冲击波作用下的速度、位移图,表1-11为侧壁各个节点的速度位移峰值。

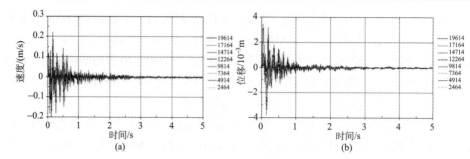

图 1-20　侧壁节点动力响应特征图（彩图）

（a）速度图；（b）位移图

表 1-11　侧壁节点速度和位移峰值

参数	节点编号							
	19614	17164	14714	12264	9814	7364	4914	2464
X方向速度/（cm/s）	22.279	19.578	10.028	7.723	5.106	3.166	2.999	2.132
X方向位移/10^{-3}m	7.778	3.694	1.451	1.148	0.472	0.408	0.366	0.389

　　在巷道横向剖面上，分析对比侧面与顶面的一系列波形图，不难发现侧壁节点的速度与位移虽然小于顶壁相应节点（图 1-21），但二者振动大致同步（图 1-19、图 1-20），客观显示了冲击波与围岩变形时空演化的耦合特征。纵观瓦斯冲击波对巷道侧面的动力效应，在距离掌子面 120m 以内的范围内，同一横剖面上顶板节点的速度和位移峰值均比侧壁相应节点高 2～4 倍。二者数值之比约在 20m 处达到最大，即速度比为 3.85，位移比为 2.54。距离掌子面 120m 以外，顶板和侧壁的速度及位移又趋于相同。这是因为冲击波从掌子面突出后，主要以贯通裂隙为中心线呈现上下扩散，对顶底板破坏比较严重；而在较远处，冲击气流基本均匀扩散到整个巷道中，对围岩四周的冲击作用基本相同。上述理论分析与计算结果在豫西矿区已得到广泛的实例验证。

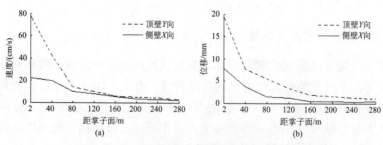

图 1-21　同一截面上顶板与侧壁节点的速度位移比较图

（a）速度变化图；（b）位移变化图

3）巷道的 Tresca（Max shear stress）云图

瓦斯突出后，冲击波的波阵面以极高的速度在巷道中传播，在不同的时刻抵达巷道中不同的位置（图 1-22）。岩体在冲击波拉伸和反射作用下，最大剪应力如果达到某一极限值，即满足 Tresca 屈服条件，巷道围岩会发生屈服现象。

图 1-22 表明，围岩体中红色区域为最大剪应力发生区域。随着时间的推移，最大剪应力的数值慢慢减小，作用区域距离掌子面越来越远，说明冲击波传播过程中发生了衰减，波阵面距离掌子面越远，对围岩的动力效应就越弱。冲击波作用在巷道围岩表面，只在巷道及附近极小的区域内引起了应力，在远离冲击波作用区域，应力几乎为零，验证了圣维南原理的正确性。

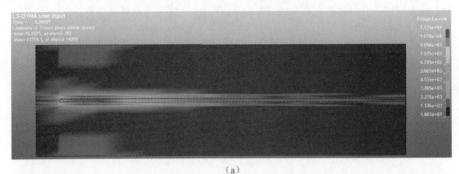

（a）

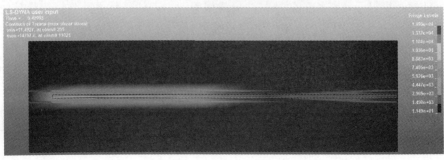

（b）

（c）

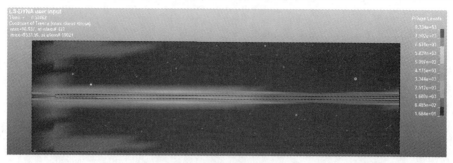

(d)

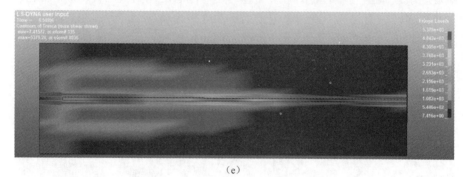

(e)

图 1-22　不同时刻巷道 Tresca（Max shear stress）图（彩图）

(a) T=0.44991s；　(b) T=0.47499s；　(c) T=0.49983s；　(d) T=0.52462s；　(e) T=0.54996s

4）冲击波对软岩的动力效应

一般来说，岩体在气体冲击波作用下会产生地震波，其实质就是固体质点的振动。但是，不同的岩体其传播地震波的能力则大不相同。笔者认为，岩体的变形特性是影响其动力响应的主要因素。换言之，岩体越软弱，其弹性模量就越小，岩体抵抗冲击波动力效应的能力就越差。现选择弹性模量分别为 0.05GPa、0.1GPa、0.5GPa 的三种岩体，在相同强度的冲击波荷载作用下，计算 17152 节点的动力响应特征（图 1-23）。

计算结果显示，在相同的冲击波荷载作用下，岩体越软弱，弹性模量越低，其质点的振动速度[图 1-23（a）]和位移峰值[图 1-23（b）]就越大。当岩体模量降低为 0.05GPa 时，此处节点的振动速度峰值迅速上升至 158.61cm/s，位移峰值迅速上升至 64.776mm。根据表 1-7 所述的破坏准则，巷道内壁理论上已经受到严重破坏。计算结果表示，当围岩中赋存不良地质体或软弱夹层时，由于二者的弹性模量存在较大差异，结构体的薄弱部位最先产生冲击破坏。而硬岩分布区的质点振动相对较弱，但振动传播较快且传播距离较远，可能诱发比较严重的地（矿）震灾害。

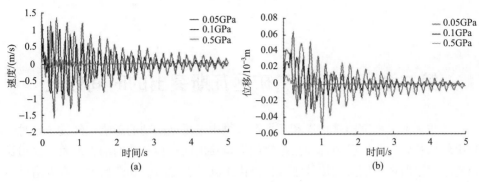

图 1-23　17152 节点动力响应特征图（彩图）

（a）速度图；（b）位移图

　　由此可见，对于不同力学性能的岩体，瓦斯突出冲击波的动力效应也不同。当岩体为完整性较好且弹性模量较大的硬岩时，冲击作用下的波动性就非常明显，容易诱发较严重的地（矿）震灾害。当岩体为不良地质体或弹性模量较小的软岩时，波动性就不明显，但岩体质点将产生非常大的振动速度和位移，容易发生冲击破坏。因此，地下巷道工程中要加强对顶板以及软岩的支护，以免发生围岩的动力灾害。

第二章 "三软"矿区瓦斯突出的时间效应

煤与瓦斯延期突出是指煤和瓦斯混合物由于采掘活动的影响,经过一定时间后突然地从煤(岩)壁内部向采掘空间大量喷出的一种复杂的动力现象。煤与瓦斯延期突出所占比例虽然比较小,但是由于其具有隐蔽性和滞后性,令人措手不及从而导致重大人员伤亡事故的发生。煤与瓦斯延期突出与含瓦斯煤的流变特性及采掘工作面前方卸压区的存在有重要关系。如1983年4月25日下午2时50分,乐平矿务局涌山煤矿东采区-120m水平石门揭开五煤后发生的煤与瓦斯延期突出,突出延期一个月,突出煤量250t,抛出距离148m,涌出瓦斯9240m^3;2005年4月5日14时15分,重庆市能源投资集团所属天府矿业公司三汇一矿2127采煤工作面工人在清理爆破后的浮煤时,发生煤与瓦斯延期突出事故,造成23人死亡。随着国民经济的快速发展,煤炭需求量的持续增加以及采矿工程开采深度和速度的不断增加,煤与瓦斯延期突出发生的概率将会越来越频繁,延期突出问题的解决迫在眉睫。因此研究与流变性相关的含瓦斯煤流变本构模型与破坏准则,以及卸压区对煤与瓦斯突出时效性的影响,对研究煤与瓦斯延期突出机理及防治措施具有非常重要的意义。

第一节 瓦斯延期突出的研究概况

一、瓦斯延期突出研究意义

煤与瓦斯延期突出尽管在总的突出事故中所占的比例不大,一般仅占总突出次数的百分之几,但其突然性与随机性对安全生产的威胁非常大,如果发生将会导致重大人员伤亡事故,因此必须给予足够重视。影响煤与瓦斯延期突出的因素很多,并且非常复杂,包括各种地质因素和非地质因素。学术界对于煤与瓦斯的延期突出机理的认识尚未完全清楚,对各种突出现象不能进行全面和准确的解释,到目前为止现场对其防治手段和措施还比较盲目和被动。含瓦斯煤延期突出的预测与防治工作难度越来越大,原有理论和手段迫切需要发展和深入,通过对含瓦斯煤非线性黏弹塑性流变模型研究以及从含瓦斯煤能量来源、流变、卸压区等方面揭示煤与瓦斯的延期突出机理,对于进一步丰富煤与瓦斯延期突出的预测预报都具有重要的理论和实际意义。

二、瓦斯延期突出研究进展

1. 瓦斯突出研究现状

煤与瓦斯的突出机理，是指煤与瓦斯突出发动、发展和终止的原因、条件及过程（于不凡，2000）。国内外一些煤与瓦斯突出严重的国家如苏联、日本、法国、波兰等通过理论和试验等方面对煤与瓦斯突出机理研究进行了大量的研究工作，并在此基础上提出了各种煤与瓦斯突出机理的假说，这些假说目前仍代表突出机理的主流认识。这些假说可分为单因素假说和多因素假说，根据作用的因素又可分为四类："以地应力为主导作用的假说"、"以瓦斯为主导作用的假说"、"以煤质为主导作用的假说"和"综合作用假说"。"以地应力为主导作用的假说"认为高地应力在煤与瓦斯突出过程中起主导作用，当巷道接近具有高应变能的岩层时将导致煤体破裂，进而引起煤与瓦斯突出；"以瓦斯为主导作用的假说"认为其是由煤体内的高压瓦斯迅速破坏采掘空间煤层所引起的；"以煤质为主导作用的假说"认为某些地质构造活动区，在一定的温度条件下有可能生成瓦斯水化物，并以欠稳状态保存在煤层和岩石渗透孔隙内，它具有很大的潜能，当受到采掘工作影响后，立即迅速分解，形成高压瓦斯，破坏煤体后形成突出；"综合作用假说"认为其是地应力、瓦斯及煤的物理力学性质这三种主要因素综合作用的结果，由于这种假说全面考虑了突出发生的作用力和介质两方面，从而得到国内外大多数学者的普遍认可。以上这些早期的关于煤与瓦斯突出发生机理假说基本上对突出发生的原因、条件、过程和能量来源作了定性的解释和近似定量计算，但仅仅是针对某类具体条件时煤体突然破坏原因的简单回答，而对于哪个因素如何起主导作用并没有给予定量的分析解释，具有一定的局限性，很难用某种假说来解释所有的突出现象。

1980 年以来，随着问题的深入研究，国内外学者开始根据近代力学理论和方法将煤与瓦斯突出作为一个力学现象和力学过程来进行研究，使得煤与瓦斯突出机理的研究有了新的发展。郑哲敏（2004）从力学角度对突出问题进行研究，结合几个特大型煤和瓦斯突出事件，通过量纲分析和能量对比定性分析了煤与瓦斯突出的孕育、启动、发展和停止的过程并且讨论了煤和瓦斯突出的机理，认为瓦斯能量高和煤层的强度低是形成煤和瓦斯突出的根本原因；李萍丰（1989）提出了二相流体假说，认为突出的本质是在突出中心形成了煤粒和瓦斯的二相流体压缩积蓄、卸压放出能量冲出阻碍区，从而导致突出；林柏泉等（1993）提出，采掘工作面前方卸压区的存在抑制了高能量体的失控，如果采掘工作面前方的卸压带宽度足够长的话，远离采掘面处于高地应力、高瓦斯压力和破碎的煤体也不会发生突出现象，从而得出了煤与瓦斯突出是地应力、瓦斯、煤的物理力学性质和卸压区宽度四部分作用的综合结果；周世宁和何学秋（1990）运用流变的观点分析突出过程中含瓦斯煤在应力和孔隙气体作用下的时间和空间过程，认为煤与瓦斯突出是含瓦斯煤受采掘扰动影响后地应力与煤体孔隙中的瓦斯压力耦合的一种流变过程，此流变假说不仅考虑了瓦斯、地应力和煤的物理力学性质，而且还考虑了时间因素，为煤与瓦斯突出综合指标的建立创造了条件；梁冰等（2000）、章梦涛等（1995）认为采掘扰动作用下，含瓦斯煤岩体会在瓦斯、地应力及物理力学性能等因素影响下局部发生迅猛破坏，从而提出了煤与瓦斯突出固流耦合失稳理论。

近年来，国内外学者仍然一直在不断探索煤与瓦斯突出机理，并不断取得一些研究成果，但由于煤与瓦斯突出机理的复杂性，仍未取得突破性进展，尚未形成完整统一的理论。

2. 瓦斯延期突出研究现状

在采矿工程中，采掘空间形成后，围岩的变形可以持续很长时间，并会带来巷道变形失稳、工作面垮塌、煤与瓦斯延迟突出等不良后果，长期影响煤矿井下工人的安全性作业。因此与煤岩相关的岩石流变性能研究一直都受到重视。含瓦斯煤的流变性是煤岩材料的重要力学性能之一（吴立新等，1997），即在长期荷载作用下其强度会逐渐降低，产生流变效应。许多的现场实例分析表明，煤与瓦斯延期突出的滞后性与含瓦斯煤的流变特性有关。何学秋（1995）在含瓦斯煤岩流变实验分析基础上提出能考虑到煤岩体非等加速特性的广义西原模型，该模型能真实描述煤岩体蠕变的全过程曲线，并利用最小二乘迭代法对蠕变试验结果进行拟合得到了相应的流变参数；吴立新等（1997）通过煤岩流变实验研究发现，煤岩流变具有流变系数低、蠕变门槛值高等特征，并符合对数型经验公式和修正的伯格斯理论模型；鲜学福和曹树刚（2001）对可能发生煤与瓦斯延期突出的煤岩进行微观损伤分析和流变力学特性研究，认为煤岩的蠕变特性受荷载类型、荷载大小、围压、温度、含水率及煤岩微观结构等诸因素的影响，提出了有实用价值的煤岩损伤的偏应力检测法；岳世权等（2005）利用自行研制的压缩蠕变试验装置，对煤样进行了蠕变试验研究，基于试验结果，将蠕变强度与瞬时强度进行了比较，拟合得出了蠕变曲线经验公式，认为蠕变试验曲线接近对数规律，建立了蠕变理论模型，并求出了相应的参数；张小涛等（2005）通过对煤岩蠕变破坏特征的分析，提出了可以较好地反映煤岩体（特别是软岩）蠕变的突变模型，得出了其本构方程和当应力达到某一程度时煤岩体蠕变破坏的时间；王登科等（2008）利用自行研制的含瓦斯煤三轴蠕变实验装置，对预制的成型煤样在不同围压和不同瓦斯压力下完成了蠕变实验，基于实验结果，得出煤体衰减蠕变阶段的变形随着围压的增高有减小趋势,瓦斯压力对煤样蠕变特性影响也比较明显,煤体在充瓦斯后,其力学性质发生了改变,含瓦斯煤的蠕变变形比无瓦斯煤大,并且提出七元件非线性黏弹塑性河海蠕变模型对实验结果进行了分析,得到了含瓦斯煤的蠕变材料参数;陈绍杰等(2009)在 MTS 岩石伺服试验机上对山东某矿 3 煤进行了短时流变试验,并对试验结果进行了分析,认为煤岩在比较低的应力水平流变过程中就会产生微破坏即损伤,微破坏积累与贯通会导致煤岩试样的破坏,另外煤岩的蠕变特性可以用三次多项式经验蠕变模型较好地描述,西原模型可以较好地描述该煤岩的初始蠕变和等速蠕变阶段,但不能描述加速蠕变阶段;王登科等(2010)利用三轴蠕变试验系统对含瓦斯煤样进行一系列三轴蠕变试验得出围压、蠕变荷载以及瓦斯压力均对含瓦斯煤的蠕变特性有重要的影响,另外给出能描述减速阶段蠕变速率的幂函数和稳态蠕变阶段速率的指数函数,认为蠕变速率在加速蠕变阶段会迅速增大,最终导致含瓦斯煤样的破坏。

第二节 基于蠕变试验的围岩本构模型

在采矿工程中,井下巷道或工作面形成以后,原岩应力被释放导致围岩内部应力重新分布,同时引起巷道或工作面煤壁的变形,煤壁的变形不仅包括弹性变形还有大部分的塑性变形,表现为弹塑性体。另外由于围岩的流变性,围岩的变形可以持续很长时间,并会带来巷道变形失稳、工作面垮塌、煤与瓦斯延迟突出等严重后果,长期影响煤矿井下工人的安全性作业。因此蠕变现象的研究对揭示蠕变过程及规律以及解决深部地下工程设计和维护问题有十分现实和重要的意义,与煤岩相关的岩石流变性方面的研究一直是岩石力学研究的主要问题之一。流变性质是指材料的应力应变关系与时间因素有关的性质,材料变形过程中具有时间效应的现象称为流变现象(孙钧,2007)。岩石类材料的流变包括蠕变、松弛和弹性后效三个主要内容。

蠕变指的是恒定应力条件下,应变随时间增加而增长的现象;应力松弛指的是恒定应变条件下,应力随时间逐渐减小的现象;黏性流动指的是蠕变一段时间后卸载,部分应变永不恢复的力学现象;弹性后效指的是加载或卸载时,弹性应变滞后于应力的现象;岩石的蠕变曲线在不同级别的应力水平作用下其形态是不同的。应力水平越高,蠕变变形越大。当应力低于长期强度时,岩石只出现初期蠕变,随后应变值趋于常数;当应力水平比岩石长期强度高不多时,岩石会出现初期蠕变和等速蠕变,直到材料发生蠕变破坏;当应力水平更高时,岩石会出现加速蠕变,即应变速率迅速增加。

一、岩石的流变模型

岩石的流变本构模型主要是根据大量的试验结果以及经典理论得到的用来描述某种岩石的时间、应力、应变之间的关系的本构方程。在一系列的岩石流变试验基础上建立反映岩石流变性质的流变方程通常有经验方程法和流变模型理论分析方法（刘东燕等，2002）。经验方程法是通过制定特定的岩石流变试验方法，在一定的环境条件下对岩体的流变数据进行测量，根据试验结果拟合出该种岩石的流变模型，典型的岩石蠕变方程有幂函数方程、指数方程和幂函数、指数函数、对数函数混合方程。流变模型理论法将介质归纳为理想化的具有基本性能（弹性、塑性和黏性）的元件组合而成。把这些元件按不同形式串联和并联，得到典型的流变模型体，相应地推导出模型的本构方程、蠕变方程、松弛方程和有关的特性曲线。由于岩石流变元件模型既是数学模型，又是物理模型，数学上简便，比较形象，有助于从概念上认识变形的弹性分量和塑性分量，且通常能直接描述蠕变、应力松弛及稳定变形，所以许多岩石力学研究工作者用流变元件模型来解释岩石的各种特性，因此本节侧重于元件流变模型研究。

（一）基本元件

流变模型都可以由弹性元件、塑性元件、黏性元件这三个基本元件组合而成。基本元件的力学性状现分述如下。

1. 弹性元件

弹性元件（H）指在荷载作用下，其变形性质完全符合胡克定律的一种理想弹性体。此元件的力学模型可以用一个弹簧元件来表示（图 2-1）。

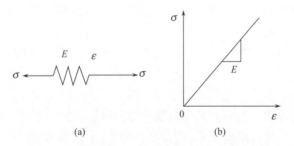

图 2-1　胡克体力学模型及应力应变关系曲线

(a) 力学模型；(b) 应力应变关系曲线

弹性体的本构方程为

$$\sigma = E\varepsilon \tag{2-1}$$

弹性体应力-应变关系是线弹性的,对式(2-1)进行时间微分得

$$\frac{\mathrm{d}\sigma}{\mathrm{d}t} = E\frac{\mathrm{d}\varepsilon}{\mathrm{d}t} \tag{2-2}$$

式中,σ 为应力;E 为弹性模量;ε 为应变。

由上述分析可得出以下结论:①弹性体只有弹性变形没有塑性变形,应力与应变呈线性关系,相同的 σ 对应唯一的 ε,只要 σ 不为零,就有相应的应变 ε,当 σ 变为零(卸载)时,ε 也为零,说明该元件没有弹性后效,变形与时间没有关系。②当应变为一定值时,应力也为一固定值,应力不会随时间增加而减小,故该元件不具有应力松弛性质。③当应力为一定值时,应变也为一定值,不会随时间而发生变化,故该元件不具有流变性质。④弹性体的应力速率与应变速率也呈线性关系。

2. 塑性元件

塑性元件(Y)指材料受力后,当所受到的应力小于 σ_s 时,材料不发生变形;当所受到的力大于 σ_s 时,便开始产生塑性变形,即使应力不再增加,变形仍不断增长。塑性元件的力学模型可用一个摩擦片(或滑块)表示(图2-2)。

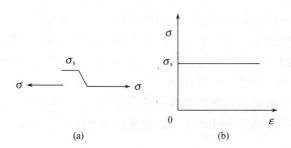

图2-2 理想塑性体力学模型及应力应变关系曲线

(a)力学模型;(b)应力应变关系曲线

塑性体的本构方程为

$$\begin{cases} \sigma < \sigma_s, & \varepsilon = 0 \\ \sigma \geqslant \sigma_s, & \varepsilon \to \infty \end{cases} \tag{2-3}$$

式中,σ_s 为塑性体的屈服极限。

3. 黏性元件

黏性元件(N),其应力与应变速率成正比关系,其力学模型可用一个带孔活塞组成的阻尼器表示(图2-3)。

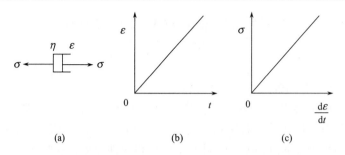

图 2-3　理想黏性体力学模型及应力应变关系曲线

(a) 力学模型；(b) 应变时间关系；(c) 应力应变速率关系

黏性体的本构方程为

$$\sigma = \eta \frac{\mathrm{d}\varepsilon}{\mathrm{d}t} \tag{2-4}$$

式中，η 为黏性体的黏滞系数。

将式（2-4）积分得

$$\varepsilon = \frac{1}{\eta} \sigma t \tag{2-5}$$

由上述分析可得出如下结论：①黏性体的应变与时间有关，当 $t=0$ 时，$\varepsilon=0$，故黏性体没有瞬时应变。当活塞受一拉力以后将发生位移，然而因为黏性液体的阻力，位移只能随时间增长；②由式（2-4）可得，当 ε 为恒量时，$\sigma=0$，说明当应变不变时，应力为零，不具有应力松弛特性；③当 $\sigma=0$ 时，$\dot{\varepsilon}=0$，故当应力为零时，应变为恒量，可以看出卸掉外荷载后，活塞的位移马上停止，不再恢复，只有再受到相应的压力时，活塞才能回到原始位置，所以，黏性体没有弹性后效，有永久变形。

综合上述分析得知，塑性变形和黏性变形是有明显的区别的，塑性变形只有当材料所受的应力 σ 达到或者超过屈服极限 σ_s 时才会发生，而黏性变形只要一有应力就会发生。实际上，塑性变形、黏性变形经常和弹性变形一起出现。因此常常出现黏弹性体和黏弹塑性体，前者研究应力小于屈服极限时的应力、应变与时间的关系，后者研究应力大于屈服极限时的应力、应变与时间的关系。

（二）组合模型

由于上述基本元件的任何一种元件都只能单独描述岩石的弹性、塑性、黏性三种性质中的一种性质，而岩石往往表现出复杂的特性，因此往往用组合模型来模拟其流变性质。其基本原理是依据材料的流变性质设定一些基本元件，然后组合成能基本反映各类岩石流变属性的本构模型（王登科，2009）。将三种基本元件

串联、并联、串并联和并串联,就能够得到许多不同种类的组合模型。元件的串联用符号"-"表示,并联用"|"表示。下面讨论并联和串联的力学性质如下:串联时应力条件为组合体的总应力与串联中任何元件的应力相等($\sigma = \sigma_1 = \sigma_2$);串联时应变条件为组合体总应变为串联所有元件应变之和($\varepsilon = \varepsilon_1 + \varepsilon_2$)。并联时应力条件为组合体总应力为所有并联元件应力之和($\sigma = \sigma_1 + \sigma_2$);并联时应变条件为组合体总应变与并联中任何元件的应变相等($\varepsilon = \varepsilon_1 = \varepsilon_2$)。

1. 圣维南体(St. Venant body)

圣维南体由一个弹簧和一个摩擦片串联组成,具有弹塑性性质,其力学模型如图 2-4 所示。

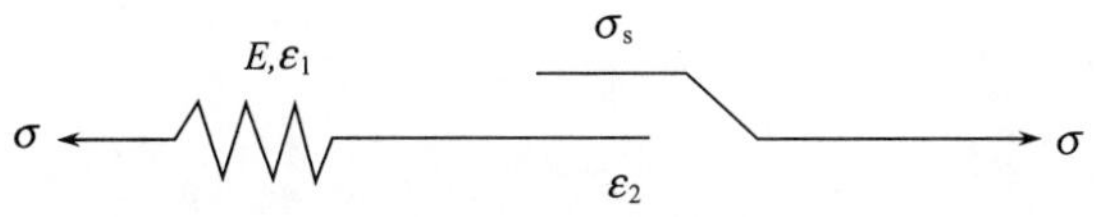

图 2-4 圣维南体

圣维南体的本构方程为

$$\begin{cases} \sigma < \sigma_s, \varepsilon = \dfrac{\sigma}{E} \\ \sigma < \sigma_s, \varepsilon \to \infty \end{cases}$$

分析圣维南体的本构方程可知,圣维南体为理想弹塑性体,没有蠕变、松弛和弹性后效。

2. 麦克斯韦体(Maxwell body)

麦克斯韦体由一个弹簧和一个阻尼器串联组成,具有黏弹性性质,其力学模型如图 2-5 所示。

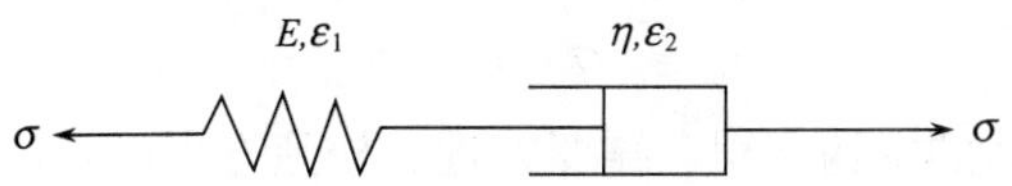

图 2-5 麦克斯韦体

麦克斯韦体的本构方程为

$$\dot{\varepsilon} = \frac{1}{E}\dot{\sigma} + \frac{1}{\eta}\sigma \qquad (2\text{-}6)$$

麦克斯韦体的蠕变方程为

$$\varepsilon = \frac{1}{\eta}\sigma_0 t + \frac{\sigma_0}{E} \qquad (2\text{-}7)$$

麦克斯韦体的松弛方程为

$$\sigma = \sigma_0 e^{-\frac{E}{\eta}t} \qquad (2\text{-}8)$$

分析麦克斯韦体的本构方程、蠕变方程、松弛方程可知，模型有瞬时变形，并随着时间增长变形逐渐增大，反映的是等速蠕变，可用于不稳定蠕变的描述，另外模型能反映应力松弛现象。

3. 开尔文体（Kelvin body）

开尔文体由一个弹簧和一个阻尼器并联组成，具有黏弹性性质，其力学模型如图 2-6 所示。

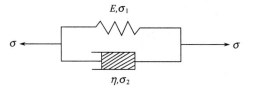

图 2-6　开尔文体

开尔文体的本构方程为

$$\sigma = E\varepsilon + \eta\dot{\varepsilon} \qquad (2\text{-}9)$$

开尔文体的蠕变方程为

$$\varepsilon = \frac{\sigma_0}{E} + A e^{-\frac{E}{\eta}t} \qquad (2\text{-}10)$$

开尔文体的松弛方程为

$$\sigma = E\varepsilon \qquad (2\text{-}11)$$

分析麦克斯韦体的本构方程、蠕变方程、松弛方程可知，模型的蠕变属于稳定蠕变，有弹性后效，没有应力松弛。

4. 广义开尔文体（Modified Kelvin body）

广义开尔文体由一个开尔文体和一个胡克体串联组成，其力学模型如图 2-7 所示。

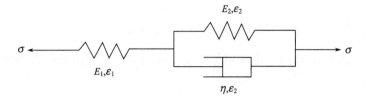

图 2-7 广义开尔文体

广义开尔文体的本构方程为

$$\frac{\eta}{E}\dot{\sigma} + \left(1 + \frac{E_2}{E_1}\right)\sigma = \eta\dot{\varepsilon} + E_2\varepsilon \qquad (2\text{-}12)$$

广义开尔文体的蠕变方程为

$$\varepsilon = \frac{\sigma_0}{E_1} + \frac{\sigma_0}{E_2}\left(1 - e^{-\frac{E_2}{\eta}t}\right) \qquad (2\text{-}13)$$

分析广义开尔文体的本构方程、蠕变方程可知,模型的蠕变属于稳定蠕变,有弹性后效和应力松弛性能。

5. 理想黏塑性体（Ideal viscoplastic body）

理想黏塑性体由一个摩擦片和一个阻尼器串联组成,其力学模型如图2-8所示。

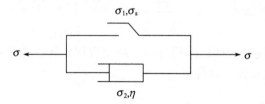

图 2-8 理想黏塑性体

理想黏塑性体的本构方程为

$$\begin{cases} \sigma < \sigma_s, \varepsilon = 0 \\ \sigma \geqslant \sigma_s, \dot{\varepsilon} = \dfrac{\sigma - \sigma_s}{\eta} \end{cases} \qquad (2\text{-}14)$$

理想黏塑性体的蠕变方程为

$$\varepsilon = \frac{\sigma_0 - \sigma_s}{\eta}t \qquad (2\text{-}15)$$

分析理想黏塑性体的本构方程、蠕变方程可知,模型的蠕变属于不稳定蠕变,没有弹性和弹性后效性能。

6. 饱依丁-汤姆逊体（Poynting-Thomson body）

饱依丁-汤姆逊体由一个弹簧和一个麦克斯韦体并联组成，其力学模型如图2-9所示。

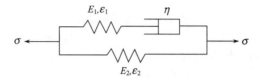

图 2-9　饱依丁-汤姆逊体

饱依丁-汤姆逊体的本构方程为

$$\dot{\sigma} + \frac{E_1}{\eta}\sigma = (E_1 + E_2)\,\dot{\varepsilon} + \frac{E_1 E_2}{\eta}\varepsilon \tag{2-16}$$

饱依丁-汤姆逊体的蠕变方程为

$$\varepsilon = \frac{\sigma_0}{E_2}\left(1 - \frac{E_1}{E_1 + E_2}\mathrm{e}^{-\frac{E_1 E_2}{(E_1 + E_2)\eta}t}\right) \tag{2-17}$$

饱依丁-汤姆逊体的卸载方程为

$$\varepsilon = \frac{\sigma_0}{E_2}\left(1 - \frac{E_1}{E_1 + E_2}\mathrm{e}^{-\frac{E_1 E_2}{(E_1 + E_2)\eta}t_1}\right)\mathrm{e}^{-\frac{E_1 E_2}{(E_1 + E_2)\eta}t} \tag{2-18}$$

分析饱依丁-汤姆逊体的本构方程、蠕变方程、卸载方程可知，模型的蠕变属于稳定蠕变，有弹性后效性能。

7. 伯格斯体（Burgers body）

伯格斯体由一个开尔文体和一个麦克斯韦体串联组成，其力学模型如图2-10所示。

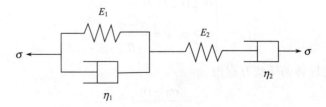

图 2-10　伯格斯体

伯格斯体的本构方程为

$$\ddot{\sigma} + \left(\frac{E_1}{\eta_1} + \frac{E_2}{\eta_2} + \frac{E_2}{\eta_1} \right)\dot{\sigma} + \frac{E_1 E_2}{\eta_1 \eta_2}\sigma = E_2\ddot{\varepsilon} + \frac{E_1 E_2}{\eta_1}\dot{\varepsilon} \tag{2-19}$$

伯格斯体的蠕变方程为

$$\varepsilon = \frac{\sigma_0}{E_2} + \frac{\sigma_0}{\eta_2}t + \frac{\sigma_0}{E_1}\left(1 - \mathrm{e}^{-\frac{E_1}{\eta}t} \right) \tag{2-20}$$

伯格斯体的卸载方程为

$$\varepsilon = \frac{\sigma_0}{\eta_2}t_1 + \frac{\sigma_0}{E_1}\left(1 - \mathrm{e}^{-\frac{E_1}{\eta}t} \right)\mathrm{e}^{-\frac{E_1}{\eta}(t-t_1)} \tag{2-21}$$

分析饱依丁-汤姆逊体的本构方程、蠕变方程、卸载方程可知，当 $t=0$ 时，$\varepsilon=\sigma_0/E_2$，模型具有瞬时变形，再根据蠕变方程中的线性项可知，该模型可以用来描述等速蠕变变形。另外根据卸载方程可知卸载时将产生瞬时回弹，随时间增加，变形有所恢复，但会保留残余变形，这种模型对软岩较适用。

8. 西原体（Nishihara body）

西原体能最全面反映岩石的弹-黏弹-黏塑性特性，其力学模型如图 2-11 所示。

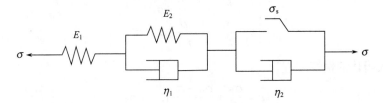

图 2-11　西原体

西原体的本构方程为

$$\begin{cases} \dfrac{\eta_1}{E_1}\dot{\sigma} + \dfrac{E_1 + E_2}{E_1}\sigma = \eta_1\dot{\varepsilon} + E_2\varepsilon, \quad \sigma < \sigma_{\mathrm{s}} \\[3mm] \ddot{\sigma} + \left(\dfrac{E_2}{\eta_1} + \dfrac{E_2}{\eta_2} + \dfrac{E_1}{\eta_1} \right)\dot{\sigma} + \dfrac{E_1 E_2}{\eta_1 \eta_2}(\sigma - \sigma_{\mathrm{s}}) = E_2\ddot{\varepsilon} + \dfrac{E_1 E_2}{\eta_1}\dot{\varepsilon}, \sigma \geqslant \sigma_{\mathrm{s}} \end{cases} \tag{2-22}$$

西原体的蠕变方程为

$$\begin{cases} \varepsilon = \dfrac{\sigma_0}{E_1} + \dfrac{\sigma_0}{E_2}\left(1 - \mathrm{e}^{-\frac{E_2}{\eta}t} \right), \sigma < \sigma_{\mathrm{s}} \\[3mm] \varepsilon = \dfrac{\sigma_0}{E_1} + \dfrac{\sigma_0}{E_2}\left(1 - \mathrm{e}^{-\frac{E_2}{\eta}t} \right) + \dfrac{\sigma_0 - \sigma_{\mathrm{s}}}{\eta_2}, \sigma \geqslant \sigma_{\mathrm{s}} \end{cases} \tag{2-23}$$

分析西原体的本构方程、蠕变方程可知,当应力水平较低时,开始变形较快,一段时间以后逐渐趋于稳定称为稳定蠕变,当应力水平大于等于长期强度后,逐渐转化为不稳定蠕变,它能反映很多岩石的这两种状态,故在流变学中应用广泛,尤其适用于反映软岩的流变性能。

9. 宾汉姆体(Bingham body)

宾汉姆体由胡克体和理想黏塑性体串联组成,其力学模型如图 2-12 所示。

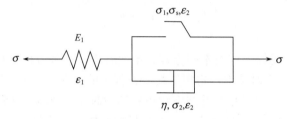

图 2-12　宾汉姆体

宾汉姆体的本构方程为

$$\begin{cases} \varepsilon = \dfrac{\sigma}{E}, \quad \dot{\varepsilon} = \dfrac{\dot{\sigma}}{E}, \quad \sigma < \sigma_s \\ \dot{\varepsilon} = \dfrac{\dot{\sigma}}{E} + \dfrac{\sigma - \sigma_s}{\eta}, \sigma \geqslant \sigma_s \end{cases} \tag{2-24}$$

宾汉姆体的蠕变方程为

$$\varepsilon = \frac{\sigma_0}{E} + \frac{\sigma_0 - \sigma_s}{\eta} t, \sigma \geqslant \sigma_s \tag{2-25}$$

宾汉姆体的松弛方程为

$$\sigma = \sigma_s + (\sigma_0 - \sigma_s) e^{-\frac{E}{\eta} t}, \sigma \geqslant \sigma_s \tag{2-26}$$

分析宾汉姆体的本构方程、蠕变方程、松弛方程可知,模型只有当应力大于等于长期强度时才有蠕变和应力松弛性能;保持应变恒定条件下发生的应力松弛,不像麦克斯韦体那样应力降为零,而是降至 σ_s。

二、岩体流变模型辨识

模型辨识是岩体工程中一个十分重要的研究方向,在实际的工程实践中起着非常重要的指导作用。在流变模型的辨识过程中,需要根据实测数据和曲线来确定一个合理的能较好反映材料流变性质的模型。

1. 岩石类材料流变模型类属

确定岩石类材料的流变模型类属就是判断某一特定岩石类材料属于哪类流变模型及其主要属性，主要有直接筛选法和后验排除法两种方法。下面对这两种方法分别进行介绍。

（1）直接筛选法。直接筛选法是直接根据 $\varepsilon\text{-}t$ 曲线特征进行模型识别的一种方法，即根据现场或者实验观测到的 $\varepsilon\text{-}t$ 曲线形状和上述所列模型的流变形态来确定。例如：当 $\varepsilon\text{-}t$ 曲线在某个时刻 t_1 具有近似的水平切线，则用来模拟分析的比较合适的模型有开尔文体、广义开尔文体和饱依丁-汤姆逊体；但是开尔文体不能表达通常具有的弹性变形性质，从而选择广义开尔文体和饱依丁-汤姆逊体；考虑到饱依丁-汤姆逊体相对广义开尔文体要复杂些，故在这种情况下选用广义开尔文体较好。当 $\varepsilon\text{-}t$ 曲线在时刻 t_1 后仍具有应变速率，而且载荷大于屈服应力时，合适的模型有西原体和宾汉姆体，鉴于西原体较宾汉姆体能更全面地描述流变特性，所以选择西原体更好。对于载荷小于屈服应力的情况，合适的模型有伯格斯体和麦克斯韦体，然后根据有无弹性后效特性进行选择，具有弹性后效特性时，选用伯格斯体进行分析，否则选用麦克斯韦体进行分析。

（2）后验排除法。现场实测资料是岩体流变模型及参数识别的基础，可以作为岩体模型选择和参数识别的输入信息。对于黏弹性材料和黏弹塑性材料，在载荷作用时均即刻产生弹性变形，根据塑性屈服准则用岩体中的应力状态来判定是否具有塑性变形。然而现场实测资料往往是位移，根据位移判定岩体所处的应力状态是很困难的。后验排除法是一种比较实用的确定材料流变模型隶属的方法，即首先根据实测曲线假定岩体为黏弹性或黏弹塑性材料，并选取相应的模型进行分析，然后根据分析结果与实测结果对比检验，从而排除不合适的假设流变模型，得到较符合实测结果的流变模型。

2. 流变模型参数的确定

由蠕变试验资料确定流变参数是一个比较复杂的过程，因此一般采用数值方法。数值法的求解过程包括最小二乘法、直接迭代法、神经网络法和反演分析法等，其中最小二乘法最为科技工作者所熟知并广泛应用。该方法具有拟合精度高、便于模型识别等优点。用曲线拟合按最小二乘法（彭苏萍等，2001）迭代求蠕变模型待定参数的原理是:假定 ε 是自变量 T 和待定参数 B 的函数，$\varepsilon=f(T,B)$，并给出 n 对观测值（ε_i,T_i）（$i=1,2,\cdots,n$），T，B 为单个待定参数或者为 m 个待定参数，即 $T=(t_1,t_2,\cdots t_m)$，$B=(b_1,b_2,\cdots b_k)$，要求待定参数 B，使得 $Q=\sum_{i=1}^{n}\left[\varepsilon_i-f(T_i,B_i)\right]^2$ 最小。为满足 Q 最小需要满足方程组:

$$\frac{\partial Q}{\partial b_i} = 0 \ (i = 1, 2, \cdots, k) \tag{2-27}$$

上式对线性表达式 $\varepsilon = f(T, B)$ 可以直接求解,但是对于非线性情况不可能直接求解。只能通过逐次线性化,使求得的 $B_{(0)}$ 逐次逼近真值 B。

另外一些较简单的模型,可以通过实验数据利用解析方法直接确定模型参数。即利用瞬时变形确定弹性参数,黏弹性变形确定黏弹性参数,黏塑性变形确定黏塑性参数。

第三节　延期突出的时间分析模型

一、蠕变失稳对延期突出的影响

(一)含瓦斯煤岩蠕变特性

煤岩体的蠕变试验表明,含瓦斯煤岩在不同的荷载工况下蠕变特性是不同的,只要在极限应力范围内,一般可分为稳定蠕变和不稳定蠕变(图 2-13)。稳定蠕变在恒定荷载持续作用下,蠕变变形速率随时间增长而减少,最后趋于一个稳定极限值。不稳定蠕变变形不能趋向于某一极限值,而是无限增长直到破坏。当应力水平较低时,煤岩表现出稳定蠕变的特点[图 2-13(a)];当应力水平较高时,煤岩表现出不稳定蠕变的特点[图 2-13(b)]。

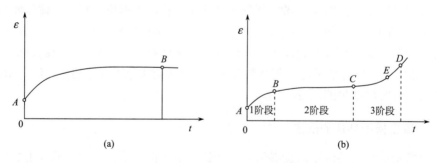

图 2-13　煤岩的蠕变特性曲线

(a)稳定蠕变;(b)不稳定蠕变

煤岩试验表明:不是任何荷载工况情况下都存在蠕变的 3 个阶段,荷载工况不同,蠕变阶段表现不同。任何一个蠕变阶段的持续时间依赖于煤岩的类型和所受的荷载。一般来说,荷载越大,第 2 阶段持续时间越短,第 3 阶段出现越早;中等荷载即 σ_1 大约为 8MPa 时,3 个蠕变阶段表现得十分清楚;当荷载很大,即 σ_1 大于 12MPa 时,第 3 阶段几乎在荷载加上之后立即发生。

（二）含瓦斯煤蠕变模型分析

1. 线性黏弹性流变模型

图 2-14 为一组特定应力条件下（σ_3=2MPa，瓦斯压力 p=0.5MPa，σ_1=6.61MPa）煤样蠕变实验曲线（王登科、尹光志，2008）。不难看出，含瓦斯煤岩在低于屈服应力的作用下具有如下特点：①施加荷载后发生瞬时变形，故模型中应该有弹性元件；②试样的蠕变变形随着时间增加而增加，故模型中应该有黏性元件；③蠕变初期，应变速率随时间不断减小，一定时间后蠕变趋近于某一恒定值。

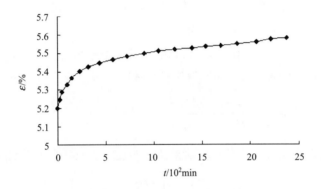

图 2-14 煤样的低压蠕变实验曲线

基于上述蠕变特点可以得出：含瓦斯煤岩在低于屈服应力荷载作用下表现为典型的黏弹性特性。由文献（刘东燕等，2002）不难发现，现有能描述黏弹性性质的流变模型为开尔文体、饱依丁-汤姆逊体、广义开尔文体和伯格斯体。但是开尔文体没有瞬时弹性变形，不予考虑，故而把目标锁定在饱依丁-汤姆逊体、广义开尔文体和伯格斯体。下面将分别用广义开尔文体、饱依丁-汤姆逊体和伯格斯体对蠕变实验结果进行拟合分析，然后用比较的方法来选取其中最能反映含瓦斯煤岩黏弹性流变性质的模型。

伯格斯体的一维蠕变方程为

$$\varepsilon = \frac{\sigma_0}{E_1} + \frac{\sigma_0}{\eta_1}t + \frac{\sigma_0}{E_2}\left(1 - e^{-\frac{E_2}{\eta_2}t}\right) \tag{2-28}$$

式中，ε 为应变；σ_0 为应力；E_1，E_2 分别为伯格斯体第一与第二部分弹性元件的弹性模量，η_1，η_2 为伯格斯体第一与第二部分黏性元件的黏滞系数；t 为时间。

假设含瓦斯煤的泊松比为 0.5，则三轴蠕变实验的方程为

$$\varepsilon_1 = \frac{\sigma_1'}{E_1} + \frac{\sigma_1'}{\eta_1}t + \frac{\sigma_1'}{E_2}\left(1-\mathrm{e}^{-\frac{E_2}{\eta_2}t}\right) - 2\nu\left[\frac{\sigma_3'}{E_1} + \frac{\sigma_3'}{\eta_1}t + \frac{\sigma_3'}{E_2}\left(1-\mathrm{e}^{-\frac{E_2}{\eta_2}t}\right)\right]$$

$$= \frac{\sigma_1' - 2\nu\sigma_3'}{E_1} + \frac{\sigma_1' - 2\nu\sigma_3'}{\eta_1}t + \frac{\sigma_1' - 2\nu\sigma_3'}{E_2}\left(1-\mathrm{e}^{-\frac{E_2}{\eta_2}t}\right) \tag{2-29}$$

式中，ε_1 为 σ' 方向应变；σ_1'，σ_3' 分别为最大、最小有效主应力；ν 为泊松比。

根据文献（卢孚等，2001）可知含瓦斯煤的有效应力公式为

$$\sigma_1' = \sigma_1 - \alpha p, \ \sigma_3' = \sigma_3 - \alpha p \tag{2-30}$$

式中，σ_1，σ_3 为总主应力；α 为煤体的等效孔隙压力系数。

由式（2-29）和式（2-30）可得

$$\sigma_1' - 2\nu\sigma_3' = \sigma_1' - \sigma_3' = \sigma_1 - \sigma_3 \tag{2-31}$$

将式（2-31）代入式（2-29）得伯格斯体在等围压应力下的三维蠕变方程为

$$\varepsilon_1 = \frac{\sigma_1 - \sigma_3}{E_1} + \frac{\sigma_1 - \sigma_3}{\eta_1}t + \frac{\sigma_1 - \sigma_3}{E_2}\left(1-\mathrm{e}^{-\frac{E_2}{\eta_2}t}\right) \tag{2-32}$$

同理可以得广义开尔文体在三轴对称荷载应力条件下的三维蠕变方程为

$$\varepsilon_1 = \frac{\sigma_1 - \sigma_3}{E_1} + \frac{\sigma_1 - \sigma_3}{E_2}\left(1-\mathrm{e}^{-\frac{E_2}{\eta_2}t}\right) \tag{2-33}$$

饱依丁-汤姆逊体在三轴对称荷载应力条件下的三维蠕变方程为

$$\varepsilon_1 = \frac{\sigma_1 - \sigma_3}{E_2}\left(1 - \frac{E_1}{E_1 + E_2}\mathrm{e}^{\frac{-E_1 E_2}{(E_1 + E_2)\eta}t}\right) \tag{2-34}$$

利用 Matlab 编程，采用最小二乘法对图 2-14 中的实验结果进行拟合，分别得到含瓦斯煤岩非线性黏弹塑性流变模型的参数（表 2-1）。通过对比 3 种流变模型拟合结果与实验结果（图 2-15），其中用伯格斯体拟合得到的残差 0.006245，相关系数为 0.997，用广义开尔文体拟合得到的残差 0.02107，相关系数为 0.9655，用饱依丁-汤姆逊体拟合得到的残差为 0.02107，相关系数为 0.9655。广义开尔文体与饱依丁-汤姆逊体拟合的曲线结果一样，由此可以证明两种公式结果

表 2-1　3 种流变模型的流变参数

流变模型	E_1/MPa	E_2/MPa	η/（MPa·m）	η_1/（MPa·m）	η_2/（MPa·m）
伯格斯体	0.8850	20.0280		7.58725	0.29797
广义开尔文体	0.8800	14.8500	0.56022		
饱依丁-汤姆逊体	0.0492	0.8305	0.001753		

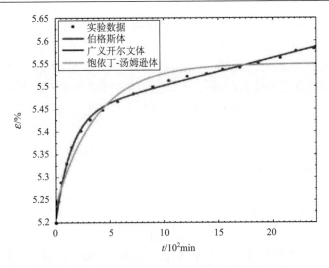

图 2-15 3 种流变模型拟合结果与实验结果对比

的最终形式几乎完全一样。由统计学参数和拟合曲线,发现伯格斯体拟合得最好。因此,可以选择伯格斯体来描述含瓦斯煤岩的黏弹性流变特性。

2. 非线性黏弹塑性流变模型

当含瓦斯煤岩所受载荷超过其屈服应力时,就会导致非稳定蠕变的发展。图 2-16 为 σ_3 =2MPa,p=0.5MPa,σ_1=9.66MPa 应力时的蠕变曲线(王登科、尹光志,2008)。由上述分析可知,含瓦斯煤岩的蠕变全过程曲线可分为以下 3 个阶段:①初始蠕变阶段,含瓦斯煤岩的蠕变速率在该阶段迅速衰减为某一不为零的值;②等速蠕变阶段,此时蠕变变形线性增长,蠕变变形速率为一常数;③加速蠕变阶段,含瓦斯煤岩裂缝宏观贯通,蠕变速率迅速增长,煤岩很快被破坏。

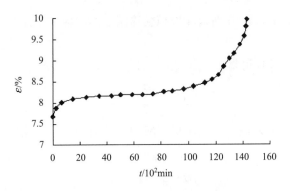

图 2-16 煤样的高压蠕变实验曲线

　　由图 2-16 可知，在 σ_3 =2MPa，p=0.5MPa，σ_1 =9.66MPa 高应力下，煤样蠕变曲线有瞬时应变现象，且应变随时间增长并不趋于一定值，而是在一段时间后达到加速蠕变阶段。试验充分说明了含瓦斯煤岩不仅具有黏弹性流变性质，而且具有塑性性质，因此含瓦斯煤岩的蠕变全过程曲线可以用黏弹塑性流变模型来表示。

　　目前，学术界能用来描述岩石类材料的流变模型有伯格斯模型、西原模型、理想黏塑性模型、开尔文模型等，但这些模型均由线性流变元件组合而成，并不具备反映材料加速流变的特性。因此为真实反映含瓦斯煤岩的蠕变全过程，就必须建立非线性黏弹塑性流变模型。

　　通过分析线性黏弹性流变模型，可知伯格斯体是反映含瓦斯煤岩初始蠕变阶段和等速蠕变阶段的合适模型，因此本节仍采用伯格斯体来描述含瓦斯煤岩的衰减和等速蠕变变形。对于加速蠕变阶段，由于具有非线性流变特性，故不能利用线性的黏弹塑性元件来构建。受文献（徐卫亚等，2006）启发，可以通过引入一个非理想黏滞阻尼器与一个塑性元件并联组建一个改进的黏塑性模型（图 2-17），来描述含瓦斯煤岩的加速蠕变阶段。

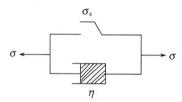

图 2-17　改进的非线性黏塑性模型

　　图中非理想黏滞阻尼器应力-应变关系为

$$\varepsilon(t) = \frac{\sigma}{\eta} t^n \tag{2-35}$$

式中，$\varepsilon(t)$，σ，η，n 分别为非理想黏滞阻尼器的应变、蠕变初始应力、黏滞系数及流变指数。

　　对式（2-35）求导可得

$$\dot{\varepsilon}(t) = \frac{\sigma}{\eta} n t^{n-1} \tag{2-36}$$

　　当 $\sigma \geqslant \sigma_s$ 时，σ_s 为模型的屈服极限应力，改进的黏塑性模型状态方程为

$$\begin{cases} \sigma_1 = \eta \dot{\varepsilon} / (n t^{n-1}) \\ \sigma - \sigma_s = \sigma_1 \end{cases} \tag{2-37}$$

　　由状态方程可得改进的黏塑性体模型的本构方程为

$$\sigma - \sigma_s = \eta \dot{\varepsilon} / (n t^{n-1}) \tag{2-38}$$

解微分方程可得蠕变方程：

$$\varepsilon(t) = \frac{\sigma - \sigma_s}{\eta} t^n, \quad \sigma \geqslant \sigma_s \tag{2-39}$$

将非理想黏塑性模型与上述四元件伯格斯线性黏弹性流变模型串联起来，可以建立一个新的非线性黏弹塑性流变模型（图 2-18）。

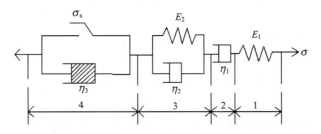

图 2-18　六元件非线性黏弹塑性流变模型

该流变模型可以充分反映煤岩的加速蠕变特性，其应满足如下条件：

（1）当 $\sigma \leqslant \sigma_s$ 时，仅有 1，2，3 部分参与流变，此时流变模型为四元件线性黏弹性模型，其相应的状态方程为

$$\begin{cases} \sigma_1 = E_1 \varepsilon_1 \\ \sigma_2 = \eta_1 \dot{\varepsilon}_2 \\ \sigma_3 = E_2 \varepsilon_3 + \eta_2 \dot{\varepsilon}_3 \\ \sigma = \sigma_1 = \sigma_2 = \sigma_3 \\ \varepsilon = \varepsilon_1 + \varepsilon_2 + \varepsilon_3 \end{cases} \tag{2-40}$$

式中，$\dot{\varepsilon}_2$，$\dot{\varepsilon}_3$ 分别为 ε_2，ε_3 对时间的一阶偏导。

（2）当 $\sigma > \sigma_s$ 时，1，2，3，4 部分均参与流变，此时流变模型为六元件非线性黏弹塑性模型，其相应的状态方程为

$$\begin{cases} \sigma_1 = E_1 \varepsilon_1 \\ \sigma_2 = \eta_1 \dot{\varepsilon}_2 \\ \sigma_3 = E_2 \varepsilon_3 + \eta_2 \dot{\varepsilon}_3 \\ \sigma_4 = \sigma_s + \eta_3 \dot{\varepsilon}_4 / (nt^{n-1}) \\ \sigma = \sigma_1 = \sigma_2 = \sigma_3 = \sigma_4 \\ \varepsilon = \varepsilon_1 + \varepsilon_2 + \varepsilon_3 + \varepsilon_4 \end{cases} \tag{2-41}$$

由式（2-40）和式（2-41）可以得到含瓦斯煤岩总的非线性黏弹塑性模型一维蠕变方程为

$$\begin{cases} \varepsilon = \dfrac{\sigma_0}{E_1} + \dfrac{\sigma_0}{\eta_1}t + \dfrac{\sigma_0}{E_2}\left(1 - e^{-\frac{E_2}{\eta_2}t}\right), & \sigma \leqslant \sigma_s \\[3mm] \varepsilon = \dfrac{\sigma_0}{E_1} + \dfrac{\sigma_0}{\eta_1}t + \dfrac{\sigma_0}{E_2}\left(1 - e^{-\frac{E_2}{\eta_2}t}\right) + \dfrac{\sigma_0 - \sigma_s}{\eta_3}t^n, & \sigma > \sigma_s \end{cases} \tag{2-42}$$

高应力条件下，由式（2-42）对时间 t 分别进行一次和二次求偏导，可得

$$\begin{cases} \dot{\varepsilon} = \dfrac{\sigma_0}{\eta_1} + \dfrac{\sigma_0}{\eta_2}e^{-\frac{E_2}{\eta_2}t} + \dfrac{n(\sigma_0 - \sigma_s)}{\eta_3}t^{n-1}, & \sigma > \sigma_s \\[3mm] \ddot{\varepsilon} = -\dfrac{E_2\sigma_0}{\eta_2^2}e^{-\frac{E_2}{\eta_2}t} + \dfrac{n(n-1)(\sigma_0 - \sigma_s)}{\eta_3}t^{n-2}, & \sigma > \sigma_s \end{cases} \tag{2-43}$$

分析式（2-43）可知，当 $n=1$ 时，应变的一阶导数大于 0，二阶导数小于 0，此时模型只能反映流变全过程的衰减蠕变和稳态蠕变阶段，不能反映加速流变阶段。当 $n>1$ 时，应变的一阶导数大于 0，二阶导数可以小于 0、等于 0 或大于 0，恰好对应着流变全过程曲线的 3 个阶段（衰减蠕变阶段、等速蠕变阶段、加速蠕变阶段），如图 2-13b 所示。在加速蠕变阶段，模型的蠕变随时间迅速增长，蠕变增长的程度随着流变指数 n 的变化而变化。

假设泊松比为 0.5，由式（2-31）和式（2-42）可得到含瓦斯煤在等围压三轴应力条件下的三维蠕变方程为

$$\begin{cases} \varepsilon_1 = \dfrac{\sigma_1 - \sigma_3}{E_1} + \dfrac{\sigma_1 - \sigma_3}{\eta_1}t + \dfrac{\sigma_1 - \sigma_3}{E_2}\left(1 - e^{-\frac{E_2}{\eta_2}t}\right), \sigma_1 - \sigma_3 < \sigma_s' \\[3mm] \varepsilon_1 = \dfrac{\sigma_1 - \sigma_3}{E_1} + \dfrac{\sigma_1 - \sigma_3}{\eta_1}t + \dfrac{\sigma_1 - \sigma_3}{E_2}\left(1 - e^{-\frac{E_2}{\eta_2}t}\right) + \dfrac{\sigma_1 - \sigma_3 - \sigma_s'}{\eta_3}t^n, \sigma_1 - \sigma_3 \geqslant \sigma_s' \end{cases} \tag{2-44}$$

式中，σ_s' 为模型的有效屈服应力。

利用 Matlab 编程，采用最小二乘法对图 2-16 中的实验结果进行拟合，得到非线性黏弹塑性流变模型参数如表 2-2。图 2-19 给出了模型曲线与含瓦斯煤蠕变实验结果对比分析曲线，图中实验点基本分布在模型曲线上，表明该模型能很好地模拟含瓦斯煤蠕变发展全过程。

表 2-2　非线性黏弹塑性流变模型参数

围压/MPa	偏应力/MPa	E_1/MPa	E_2/MPa	η_1/（MPa·m）	η_2/（MPa·m）	η_3/（MPa·m）	n
2	7.66	0.997	18.727	4.625 3	0.789 9	618430	5.272

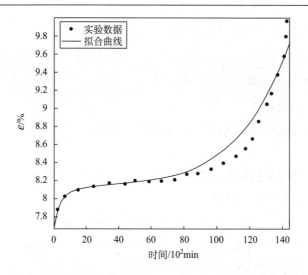

图 2-19　非线性黏弹塑性流变模型拟合结果与实验结果对比

（三）蠕变失稳时间的分析模型

煤层揭开后，裸露煤层面附近的煤体受力状态由原来的三向受力变为两向受力，即变为平面应力问题。在合适的条件下煤体会发生蠕变破坏，导致地质灾害的发生，煤与瓦斯的延期突出就是由此造成的。煤体在双向受压时，裸露面方向的应变为拉应变，当裸露面方向煤体的拉应变大于煤体破坏时的拉应变时，煤体将发生蠕变失稳破坏。本节将利用含瓦斯煤岩非线性黏弹塑性蠕变模型来预测煤体蠕变失稳的时间及解释揭煤工程中的煤体失稳现象。

对于均质各向同性的煤体在双向受压时，煤体裸露面方向的应变为表现拉应变：

$$\varepsilon_3 = -\nu(\varepsilon_1 + \varepsilon_2) \tag{2-45}$$

仅当煤体所受的应力接近屈服应力或大于屈服应力时才会发生蠕变失稳，且由于煤层孔隙中一般都存在压力瓦斯，所以对于含瓦斯的煤壁，在蠕变状态方程中的应力应由有效应力代替，且其中的参数由含瓦斯煤的蠕变实验来确定。因此式（2-45）中的 ε_1，ε_2 用式（2-44）中的第二式来表示，且应力用有效应力表示，即

$$\sigma' = \sigma - \alpha p \tag{2-46}$$

$$\begin{cases} \varepsilon_1 = \dfrac{\sigma_1'}{E_1} + \dfrac{\sigma_1'}{\eta_1}t + \dfrac{\sigma_1'}{E_2}\left(1 - \mathrm{e}^{-\frac{E_2}{\eta_2}t}\right) + \dfrac{\sigma_1' - \sigma_s'}{\eta_3}t^n \\[4mm] \varepsilon_2 = \dfrac{\sigma_2'}{E_1} + \dfrac{\sigma_2'}{\eta_1}t + \dfrac{\sigma_2'}{E_2}\left(1 - \mathrm{e}^{-\frac{E_2}{\eta_2}t}\right) + \dfrac{\sigma_2' - \sigma_s'}{\eta_3}t^n \end{cases} \tag{2-47}$$

将式（2-47）代入式（2-45）可以得到

$$|\varepsilon_3| = v\left[\frac{\sigma_1' + \sigma_2}{E_1} + \frac{\sigma_1' + \sigma_2'}{\eta_1}t + \frac{\sigma_1' + \sigma_2'}{E_2}\left(1 - e^{-\frac{E_2}{\eta_2}t}\right) + \frac{\sigma_1' + \sigma_2' - 2\sigma_s'}{\eta_3}t^n\right] \qquad (2\text{-}48)$$

式中，v 为煤体的泊松比。

由煤体发生失稳破坏的依据（鲜学福等，2005）：

$$\varepsilon_3 \geqslant \varepsilon_t \qquad (2\text{-}49)$$

式中，ε_t 为含瓦斯煤的极限拉应变。

当 $e^x = 1 + x + x^2/2 + \cdots$，取前两项，并令

$$\begin{cases} \sigma_1' + \sigma_2' = A, \sigma_1' + \sigma_2' - 2\sigma_s' = B \\ \dfrac{\varepsilon_3}{v} = C, \varepsilon_3 = \varepsilon_t \end{cases} \qquad (2\text{-}50)$$

从而可以得到

$$A\left(\frac{1}{E_1} + \frac{\eta_1 + \eta_2}{\eta_1\eta_2}t\right) + \frac{B}{\eta_3}t^n = C \qquad (2\text{-}51)$$

移项，取对数整理可得

$$t_r = \left[\frac{(CE_1 - A)\eta_1\eta_2\eta_3}{ABE_1(\eta_1 + \eta_2)}\right]^{\frac{1}{1+n}} \qquad (2\text{-}52)$$

式（2-52）所得到的 t_r 就是本研究获得的均质各向同性含瓦斯煤层裸露面处煤体在双向受压静载荷作用下发生蠕变破坏失稳的时间。它表明 t_r 与含瓦斯煤的蠕变参数、泊松比、拉应变强度、地层应力和煤层瓦斯压力有关。利用式（2-52）对开挖后裸露面附近煤岩的稳定时间进行预测，并有效做好防护工作。

二、卸压区演化对延期突出的影响

煤巷开挖以后，原始地层中的应力平衡状态受到破坏，采掘工作面煤壁前方煤体应力随即重新分布。工作面瞬时进尺后，初始加在进尺前含瓦斯煤岩体上的荷载将向新暴露的煤岩体转移，在煤壁附近会产生应力集中。当支承压力达到煤体的极限破坏强度后，该区域煤体将产生破坏变形，煤体承载能力降低，从而使集中应力向离工作面较远的深部煤体转移。经过一定时间后，在工作面前方将形成如图 2-20 所示 3 个区：卸压区，集中应力区和原始应力区。一般情况下，由于卸压区和集中应力区的塑性变形区中的煤体经受了峰值应力的作用，使煤体受力接近最大承载能力，形成了极限应力区，处于极限平衡应力状态。紧靠煤壁的卸压区中煤体承载应力一般低于原始应力。

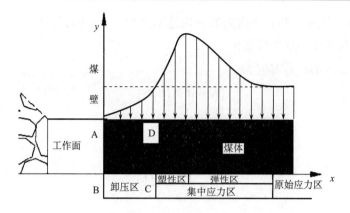

图 2-20 工作面前方应力分布

现场表明：当采区卸压带中的煤体受到破坏时，往往导致瓦斯的突出。卢孚等（2001）通过理论研究认为，在工作面与煤巷中，令 $\sigma_T / \sigma_c = A$，煤与瓦斯突出的条件为

$$A\sigma_y + p - \frac{\lambda c}{\tan\varphi}\left(\mathrm{e}^{\frac{2\tan\varphi}{\lambda m}x_0} - 1\right) \geqslant \sigma_T \tag{2-53}$$

式中，m 为煤层厚度；c,φ 分别为煤层界面的黏结力和内摩擦角；λ 为侧压力系数；σ_y 为卸压区离工作面最远处垂直地应力；σ_T 为煤体抗拉强度；σ_c 为煤体抗压强度。

工作面推进或者煤巷开挖会破坏煤层原始应力平衡状态，导致地下空间应力重新分布和应力集中。含瓦斯煤岩体的强度及失稳破坏的速度受地应力和瓦斯压力重分布速度的影响。假设地应力及瓦斯压力重分布在时间上是连续的，此时地应力和瓦斯压力均为时间的函数。设 $M(t)$ 为随地应力和瓦斯压力变化的函数，并令其表达式为

$$M(t) = \sigma_T + \frac{\lambda C}{\tan\varphi}\left(\mathrm{e}^{\frac{2\tan\varphi}{\lambda m}x_0} - 1\right) - A\sigma_y(t) - p(t) \tag{2-54}$$

切眼布置以后，工作面达到式（2-54）所述的煤与瓦斯突出条件，此时 $M(t)$ 小于 0，非常容易发生瞬时突出。如果不能马上达到，将会发生地应力和瓦斯压力重分布。形成图 2-20 所示的卸压区、集中应力区和原始应力区。根据上述分析和假设，基于卸压区的含瓦斯煤延期突出的时间 t_x 可以表示为

$$t_x = \frac{M(t)}{\dot{M}(t)} \tag{2-55}$$

其中

$$\dot{M}(t) = \dot{\sigma}_y(t) + \dot{p}(t) \tag{2-56}$$

式中，$\dot{M}(t)$ 为地应力和瓦斯应力的变化速率之和；$\dot{\sigma}_y(t)$ 为垂直地应力的变化速率；$\dot{p}(t)$ 为瓦斯压力的变化速率。

基于卸压区的滞后时间为

$$\begin{cases} t_x = \min\{t_1, t_2\} \\ t_1 = \dfrac{\gamma H}{\dot{\sigma}_y} \\ t_2 = \dfrac{p_1 - p(t)}{\dot{p}(t)} \end{cases} \tag{2-57}$$

式中，t_1 为地应力重分布的时间；t_2 为吸附瓦斯解吸为游离瓦斯，从而达到临界瓦斯压力 P_1 的时间。

式（2-53）是发生煤与瓦斯突出的必要条件，若不满足该式，则不能发生瞬时突出和延期突出。式（2-57）表示在不满足煤与瓦斯突出条件的情况下，经地应力和瓦斯压力重分布，达到满足突出条件的时间因素。

三、延期突出的滞后时间预测

煤与瓦斯延期突出的滞后时间是指开挖煤岩工作结束后，工作面达到煤与瓦斯突出条件所需要的时间。随着采区煤壁的向前推进，前方煤体依次出现卸压带、应力集中带与原始应力带，它们在空间上毗邻共存，在时间上交替演化。这种时空耦合演化特征，有时表现为含瓦斯煤岩在一定的空间与时间产生力学反转，最终导致延期突出这一罕见现象。

就豫西"三软"矿区非线性流变软煤而言，瓦斯突出的滞后性主要与回采工作面前方卸压带的形成以及含瓦斯煤的蠕变特性有直接联系。事实上，工作面附近的二次应力必然导致卸压带的形成以及随之而来的应力集中区的蠕变软化现象。鉴于软煤严重的蠕变失稳现象，参照传统的瓦斯突出判别条件（Cao et al.,2004），笔者认为延期突出的滞后总时间应为：第一阶段卸压带形成时间与第二阶段应力集中带蠕变失稳时间之和，其表达式为

$$t_y = t_x + t_r \tag{2-58}$$

式中，t_y 为延期突出滞后时间；t_x 为卸压区形成时间；t_r 为含瓦斯煤蠕变失稳破坏时间。

式（2-58）表明，卸压区的形成与煤岩的失稳破坏是一个持续发展过程，积极采取相关防护措施，如及时进行瓦斯超前抽放或加强采空区顶板支护，能大大改善煤壁的应力与流变形态，使其在回采时能在一定时期内保持良好稳定的受力状态，有效避免工作面的瓦斯突出。

四、结论

（1）针对含瓦斯软煤严重的蠕变失稳问题，提出了一种改进的黏塑性模型，并将此模型与伯格斯体串联组成一个新的六元件非线性黏弹塑性流变模型，用于描述含瓦斯煤在各种载荷条件下的蠕变变形。应用该模型有效地描述了含瓦斯煤岩在三维应力条件下的蠕变发展全过程，推导了蠕变失稳时间 t_r 的计算公式。

（2）以卸压带的形成作为切入点，建立了地应力和瓦斯压力随时间变化的函数 $M(t)$，然后通过煤与瓦斯突出判别条件，得出了基于卸压区时空演化的煤与瓦斯延期突出时间 t_x 的计算公式。

（3）由于工作面前方的卸压带、应力集中带与原始应力带具有时空耦合演化特征，就"三软"矿区而言，煤与瓦斯延期突出主要与第一阶段卸压带的形成，以及第二阶段含瓦斯煤的蠕变失稳有关。因此，延期突出的滞后时间为上述两者之和，$t_y = t_x + t_r$。

第三章 "三软"矿区瓦斯突出的防护岩柱

岩柱安全厚度即岩体损伤达到临界状态时，巷道掌子面与目标层（断层、煤层、充水层）之间沿洞轴方向的最小距离。因此，在含瓦斯断层带后方预留一定厚度的正常岩体（俗称安全岩柱），是生产矿井针对瓦斯突出所采取的最为传统，也是最为有效的防护措施。参照国家《煤矿安全规程》中有关揭煤条文，"当前方遇到煤层时，按照地测部门提供的掘进工作面距煤层的准确位置，必须在距煤层 10m 以外开始打钻……，当掘进岩石巷道遇到煤线或接近地质破碎带时，也必须经常检查瓦斯，如果发现瓦斯大量增加或其他异状时，都必须立即撤出人员，停止掘进，进行处理"。鉴于《煤矿安全规程》尚未对穿越含瓦斯断层巷道的安全岩柱厚度做出明确规定，因此有必要对薄层沉积岩或节理岩体等层状体系的断层岩柱安全厚度进行科学与定量分析，为煤矿设计以及有效防止岩石与瓦斯突出提供理论参考。

第一节　断裂带瓦斯突出的驱动方式

断裂带岩石（煤）与瓦斯突出是一种复杂的动力灾害现象，自 1834 年法国鲁阿雷煤田依萨克矿井发生世界上首次突出以来，人们就对这种灾害的机理开始深入的研究。所谓突出机理，是指突出孕育、发展以及终止的起因、要素及过程，是突出发生和发展的规律体现。国内外学者对突出机理的研究已经形成了多种模型，特别是 21 世纪以来，人们通过实测和模拟对突出进行了细微观察，积累了丰富的突出案例和记录,总结了岩石与瓦斯突出预测和治理的成功经验与失败教训，取得了许多阶段性的成果。本节基于弹性力学理论对突出机理及岩柱防护进行了有益的探索。

一、裂隙的应力状态

天然状态下，地下岩体内部存在一个应力场，称为岩体的初始地应力。初始地应力是岩体未受扰动的原岩应力，一般包括自重应力和构造应力，是地下工程的原始参考资料。地心对岩体的吸引导致原岩处于受力状态，此吸引作用引起的应力称为自重应力，一般认为其大小近似等于上覆岩体重力；由于过去和现在的构造运动而在地层中产生的应力称为构造应力，主要是水平应力。实测资料显示，构造运动产生的水平应力大多大于岩体的自重应力,其比值为岩体的侧压力系数 λ。

原岩的初始地应力与地下巷道掘进工程有着密切的关系。巷道的开挖,本质上就是巷道周围围岩的初始应力的释放、改变和重组的过程。新的应力状态跟围岩深部的应力相比,通常处于不安全的受力状态。当这种状态超过某种条件时,就可能发生破坏,造成围岩的失稳和瓦斯突出现象。假设岩(煤)体中有一圆柱形裂隙,其直径远小于长度,受自重应力、构造应力和孔隙气压力作用(图3-1)。

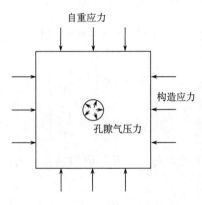

图 3-1　圆柱形裂隙受力状态

1. 裂隙中的有效应力

有效应力即岩体内部固体部分的相互作用力,按成因一般包括自重应力与构造应力。现采用弹性力学叠加法原理推导圆柱形裂隙的应力状态。设自重应力为 $\sigma_z = \sigma_1 = \gamma H$,构造应力为

$$\sigma_x = \sigma_y = \sigma_3 = \lambda\sigma_1 = \lambda\gamma H$$

式中,γ 为上覆岩层的岩体平均容重;λ 为侧压力系数;H 为埋深。

由于 $\sigma_1 \neq \sigma_3$,故采用弹性力学分析方法,分解成两个应力状态(Ⅰ)(Ⅱ)(图3-2)。

由图 3-2 得

$$\begin{cases} q_1 = \dfrac{1}{2}(1+\lambda)\gamma H \\[2mm] q_2 = \dfrac{1}{2}(\lambda-1)\gamma H \end{cases} \tag{3-1}$$

对于(Ⅰ)应力状态,由弹性力学相关理论可以得出距离中心为 ρ 的圆周应力状态:

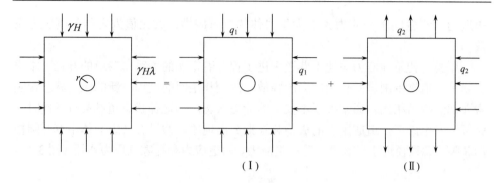

图 3-2　应力分解示意图

$$\begin{cases} \sigma_{\rho\mathrm{I}} = -q_1\left(1 - \dfrac{r^2}{\rho^2}\right) \\[3mm] \sigma_{\varphi\mathrm{I}} = -q_1\left(1 + \dfrac{r^2}{\rho^2}\right) \end{cases} \tag{3-2}$$

式中，r 为圆柱形裂隙半径。对于（Ⅱ）应力状态，同样由弹性力学解答以及边界条件可得

$$\begin{cases} \sigma_{\rho\mathrm{II}} = -q_2\cos 2\varphi\left(1 - \dfrac{r^2}{\rho^2}\right)\left(1 - 3\dfrac{r^2}{\rho^2}\right) \\[3mm] \sigma_{\varphi\mathrm{II}} = q_2\cos 2\varphi\left(1 + 3\dfrac{r^4}{\rho^4}\right) \\[3mm] \tau_{\rho\varphi} = \tau_{\varphi\rho} = q_2\sin 2\varphi\left(1 - \dfrac{r^2}{\rho^2}\right)\left(1 + 3\dfrac{r^2}{\rho^2}\right) \end{cases} \tag{3-3}$$

故裂隙只受自重应力和构造应力作用下，距离中心为 ρ 处圆周应力的解为（Ⅰ）+（Ⅱ），即：

$$\begin{cases} \sigma_{\rho} = \sigma_{\rho\mathrm{I}} + \sigma_{\rho\mathrm{II}} = -\gamma H\left(1 - \dfrac{r^2}{\rho^2}\right)\left[\dfrac{\lambda+1}{2} + \dfrac{\lambda-1}{2}\left(1 - 3\dfrac{r^2}{\rho^2}\right)\cos 2\varphi\right] \\[3mm] \sigma_{\varphi} = \sigma_{\varphi\mathrm{I}} + \sigma_{\varphi\mathrm{II}} = -\gamma H\dfrac{\lambda+1}{2}\left(1 + \dfrac{r^2}{\rho^2}\right) + \dfrac{\lambda-1}{2}\gamma H\cos 2\varphi\left(1 + 3\dfrac{r^2}{\rho^2}\right) \\[3mm] \tau_{\rho\varphi} = \tau_{\varphi\rho} = \dfrac{\lambda-1}{2}\gamma H\sin 2\varphi\left(1 - \dfrac{r^2}{\rho^2}\right)\left(1 + 3\dfrac{r^2}{\rho^2}\right) \end{cases} \tag{3-4}$$

2. 裂隙中的孔隙气压力

设圆柱形裂隙受孔隙气压力 u 作用（图 3-3），由弹性力学理论可知，轴对称

应力的一般解答为

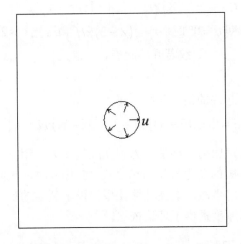

图 3-3 裂纹受孔隙气压力状态图

$$\begin{cases} \sigma_\rho = \dfrac{A}{\rho^2} + B(1 + 2\ln\rho) + 2C \\[2mm] \sigma_\varphi = -\dfrac{A}{\rho^2} + B(3 + 2\ln\rho) + 2C \\[2mm] \tau_{\rho\varphi} = \tau_{\varphi\rho} = 0 \end{cases} \tag{3-5}$$

由位移单值条件和边界条件可得出:

$$\begin{cases} \sigma_\rho = -\dfrac{r^2}{\rho^2} u \\[2mm] \sigma_\varphi = \dfrac{r^2}{\rho^2} u \end{cases} \tag{3-6}$$

裂纹起裂是从圆周处开始,此时 $\rho = r$,则式(3-4)变成:

$$\begin{cases} \sigma_\rho = \tau_{\rho\varphi} = \tau_{\varphi\rho} = 0 \\[2mm] \sigma_\varphi = -(1+\lambda)\gamma H + 2(\lambda-1)\gamma H\cos 2\varphi \end{cases} \tag{3-7}$$

式(3-6)变成:

$$\sigma_\varphi = u \tag{3-8}$$

3. 裂隙的开裂条件

综合以上分析可知,圆柱形裂纹在自重应力、构造应力和孔隙气压力作用下

的应力状态为

$$\sigma_\varphi = -(1+\lambda)\gamma H + 2(\lambda-1)\gamma H \cos 2\varphi + u \qquad (3\text{-}9)$$

当 $\cos 2\varphi = 1$ 时，即 $\theta = 0°$ 时，$\sigma_\varphi = (\lambda-3)\gamma H + u$；当 $\cos 2\varphi = -1$ 时，即 $\theta = 90°$ 时，$\sigma_\varphi = (1-3\lambda)\gamma H + u$。裂纹若开始起裂，必满足 $|\sigma_\varphi| \geqslant f_t$，$f_t$ 为煤岩的抗拉强度，2.5MPa。

则可以推出裂纹起裂的最小孔隙气压力为

$$u = \min\left\{(3-\lambda)\gamma H + f_t, (3\lambda-1)\gamma H + f_t\right\} \qquad (3\text{-}10)$$

上式阐述了在自重应力、构造应力和孔隙气压力作用下，岩体中裂隙的起裂扩展机理，即当裂隙中的孔隙气压力满足式（3-10）时，裂隙便会逐步扩展、贯通，进而诱发瓦斯突出事故。上述计算模型为以下裂隙的形成与演化，以及求解断层岩柱的安全开挖厚度提供了理论依据。

二、裂隙的破裂过程

天然岩体是一种非均质、各向异性的材料，其中含有大量随机分布的裂隙。在采掘工程扰动作用下，相邻节理（裂隙）扩展和相互贯通是工程岩体的主要破坏方式，而裂隙中气体孔隙压力的扩张侵蚀作用使得这一过程更加复杂化。巷道开挖导致地下应力重分布并诱发岩体与气体的相互作用，使微观裂隙逐渐演化成宏观裂隙，引起岩体渗透率剧烈变化甚至破裂，从而造成岩石与瓦斯突出事故。

研究表明，裂纹中孔隙气压力的大小及变化对地质构造、断层带活动和地震均有重要影响。冲击地压、岩爆和瓦斯突出等地质灾害更证实了孔隙气压力变化对有效应力变化有着重要的影响（谢和平，1998；姜振泉、季梁军，2001；杨天鸿等，2001）。在孔隙气压力作用下，岩体的物理和力学性质变得非常复杂，岩体内部裂纹的扩展更是几无规律可循，因此在无法实时监测到岩体中裂纹的扩展规律和方式时，必须采用有效的数值模拟方法来探究。

RFPA2D-Flow 全称是岩石破裂损伤过程的渗流-应力耦合分析系统。它以有限元方法分析应力和渗流过程，以弹性损伤理论分析材料的破坏，同时对破坏单元进行了力学和渗透特性处理，在模拟裂纹的萌生、扩展过程演化以及渗透率的变化规律方面有着较高的合理性和可靠性。

1. 计算模型及参数

数值模拟的计算采用二维薄板模型，属平面应力问题。模型尺寸为 100mm×100mm，划分为 100×100 个单元。模型材料的各项力学参数平均值参考如表 3-1 所示。

表 3-1 材料力学参数平均值

参数名称	数值	参数名称	数值
弹性模量 E_0 / GPa	0.587	渗透系数 K_0 / (m/ d)	0.1
泊松比 μ	0.232	气压系数 α	0.7
抗压强度 f_c / MPa	100	耦合系数 β	0.1
抗拉强度 f_t / MPa	10	内摩擦角 φ / (°)	27

整个加载过程采用位移控制的加载方式，加载位移的单步增量为 0.01，两侧施加一定的侧压力 $p_2 = 5\text{MPa}$。对于中间的裂纹施加渗流空洞荷载,采用水头100,增量为 0（图 3-4）。

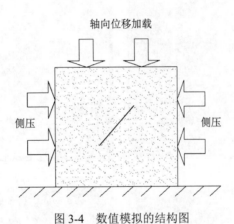

图 3-4 数值模拟的结构图

2. 模拟结果及分析

在整个加载过程中，选用有代表性的六个迭代步进行分析（图 3-5）。在加载初始阶段，由于气压力较小，裂纹几乎没有发生变化（step1）；随着荷载的增加，孔隙气压力不断增大，裂纹附近的破坏点不断增多，裂纹尖端出现应力集中，随着孔隙气压力的扩张侵蚀作用的不断加强，裂纹附近开始出现新的裂纹，新的裂缝扩展形式非常复杂，扩展路径向右上和左下发展，并且表现出断断续续的特征（step5～18）；在加载的最后阶段，裂纹的分散扩展导致尖端的应力集中呈扩散状分布，应力集中的扩散分布连同岩体中晶粒和损伤的随机分布导致了更多数量单元破坏，最终裂纹几乎贯穿整个试样（step20）。

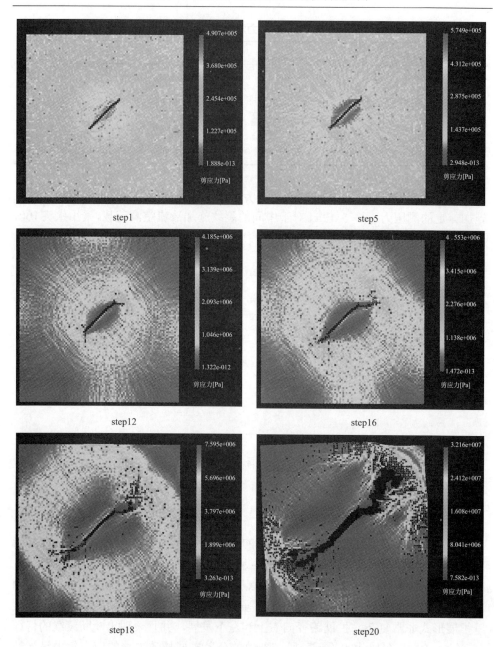

图 3-5　裂纹扩展及应力变化规律（彩图）

3. 断层带瓦斯突出分析

上述计算结果表明，含瓦斯节理岩体的裂隙扩展及其破坏是一个持续的发展过程,而孔隙气压力的扩张侵蚀作用加剧了这一力学趋势。如果岩体节理的扩展最终贯通前方安全岩柱,高压瓦斯气体就会以较高的速度向巷道突出,并产生冲击波,对围岩造成严重破坏。换言之,裂隙损伤是自然界节理岩体瓦斯突出的直接因素。

在地下采矿尤其是岩体内部修筑巷道过程中,开挖改变了岩体的初始应力状态,造成了围岩的变形和破坏。岩石与瓦斯突出是一种复杂的动力现象,是自重应力、构造应力和瓦斯气压力综合作用的结果,其实质就是岩石材料中缺陷的萌生、扩展、相互作用和贯通的过程(郭佳奇、齐春生,2012)。在某一埋深处的掘进巷道中,裂纹起裂的最小应力与侧压力系数、地应力和煤岩的抗拉强度有关。当瓦斯气压力满足式(3-10)时,裂纹开始起裂,而后扩展贯通,最终造成煤与瓦斯突出。

第二节 基于断裂理论的岩柱安全厚度计算模型

在矿井深部巷道开挖过程中,掘进面前方常常会遇到各种断层带,且其内部充满高压瓦斯气体。当掌子面距断层带尚有一定距离时,岩柱在地应力、开挖扰动和高压瓦斯气体的共同作用下,内部原生裂纹逐渐开启、张裂与延伸,最终贯通或击穿整个岩柱,在很短时间内向巷道内喷出大量瓦斯及岩石,并产生一定的动力效应(戚承志、钱七虎,2009)。这种在空间上超前突出的矿难事故,常常造成十分惨烈的人员伤亡,让人防不胜防且难以预测(王志荣等,2009)。所以一般巷道开挖时都会预留一个安全厚度的岩柱来防止瓦斯突出事故的发生,以便瓦斯抽放活动顺利进行(图3-6)。

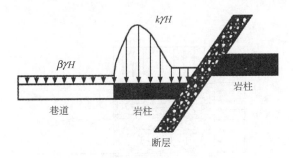

图 3-6 断层带工作面岩柱设置示意图

目前关于深部含瓦斯断层带巷道掘进问题的研究大多集中在断层带探测、岩石与瓦斯突出机理和岩体在动荷载作用下裂纹的扩展机理以及强度性质等方面。余海龙等(2000)认为突出的本质是在突出中心形成了岩体和瓦斯的二相流体,在外荷载作用下受压积累能量,突出的过程就是能量释放的过程;俞启香等(2004)认为煤层瓦斯的流动属于渗流,符合达西定律,取决于裂隙系统的特征;尹光志等(2008a,2008b)考虑引入煤岩吸附瓦斯后产生的膨胀应力,建立了煤岩固气耦合动态模型,并给出了完整的控制方程组和定解条件,但他没有考虑岩体膨胀后跟开挖安全厚度之间的关系;解东升等(2012)运用 LS-DYNA9703D 二次开发平台拟制用户子程序,计算了岩体耦合装药时高围压条件下球状药包中心起爆时爆炸近区的岩体动力响应,揭示了围压、岩体抗压强度与空腔半径变化之间的关系,但并没有定量分析岩体破坏的实际厚度。巷道实际开挖过程中,人们大多以经验作为指导,不能非常准确地对岩柱安全厚度进行估计,存在一定的安全隐患。

　　本节在总结前人工作的基础上,仍然以豫西大平煤矿 21 轨道下山一次大型岩石与瓦斯突出事故为例,从围岩空隙度入手,对经典太沙基公式进行了修正,并考虑了有效应力对岩体破坏的影响;从断裂力学角度分析了在各种荷载作用下,岩体内部微裂隙的产生和扩展对岩体破坏的控制,从而建立起裂隙扩展和岩柱安全厚度的关系,为巷道安全施工提供一定的理论支持。

一、岩体中的有效应力

1. 井下开挖地质模型

　　断层带岩石与瓦斯突出是指在岩石中进行开挖作业时,由前方瓦斯突出所造成的岩石破碎和抛出。由于岩石吸附瓦斯的能力一般远小于煤层,故岩石与瓦斯突出时,参与突出的主要是岩石孔隙和裂纹中所含的游离瓦斯。断层带开挖地质模型可简化为图 3-7 所示。

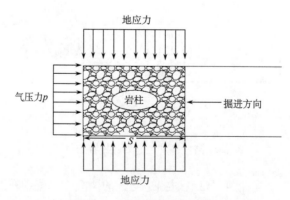

图 3-7　岩柱开挖地质模型图

2. 岩体中的有效应力

假设岩柱中瓦斯气体充满了整个空隙,即岩柱中只有固体和气体,没有水分。岩柱可以看作多孔介质,则其中总应力包括有效应力和孔隙气压力。应力可以看作是由三个正应力和六个剪应力分量组成的张量(由剪应力互等定理可知六个剪应力分量变为三个独立分量)。因为孔隙气体在各个方向上都作用有孔隙气压力,所以如果多孔介质中饱含气体时,通过孔隙气压力能够有效减小应力张量中的主应力。这种孔隙气压力对于应力张量中的剪应力不起作用。用太沙基公式可以表示为

$$\sigma = \sigma^e + u \tag{3-11}$$

式中,σ 为微元体所受总应力;σ^e 为岩体中有效应力;u 为孔隙瓦斯气体压力。

太沙基公式有一定的局限性,其适用性取决于岩体的微观结构。图 3-8 为饱和多孔介质微元体,介质中充满气体,作一条分割面 m–n,穿过介质。Δa 为底面面积,$\sum X_i$ 为 m–n 分割岩体中固体颗粒的总横截面积。

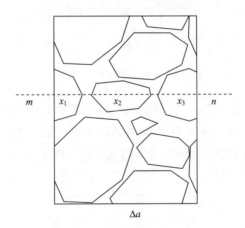

图 3-8 多孔介质微元体

由竖直方向力的平衡可知:

$$\Delta a \sigma = \left(\Delta a - \sum X_i \right) u + \sum X_i \sigma^e \tag{3-12}$$

岩体中的孔隙是大量随机分布的,从统计学的角度来说,我们可以近似得

$$\frac{\Delta a - \sum X_i}{\sum X_i} = \Phi \tag{3-13}$$

式中,Φ 为多孔介质孔隙比。

由式(3-12)和式(3-13)可以得出:

$$(1+\Phi)\sigma = \Phi u + \sigma^e \tag{3-14}$$

此式说明裂纹岩体中的有效应力与孔隙比 Φ 有关。

3. 岩体破坏的临界气压力

断层带岩体中的裂纹一般呈三维随机分布状态。为了便于研究，以断裂力学中简化的二维平面穿透闭合单裂纹为研究对象（图3-9）。

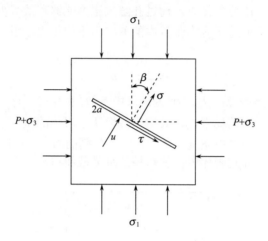

图 3-9　岩体裂纹应力分布

图 3-9 中，裂纹长为 $2a$，法线方向与最大主应力 σ_1 方向夹角为 β，由于瓦斯气压力 P 的存在，水平方向为 P 和 σ_3 共同作用，记为 σ_3'，裂纹中作用有瓦斯气压力 u，由材料力学相关知识可得应力莫尔圆（图3-10）。

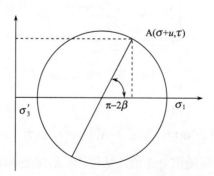

图 3-10　岩体裂纹应力对应的莫尔圆

莫尔圆上的 A 点对应着裂纹面上的应力状态，由莫尔圆的计算法则可以推导出裂纹面上的应力状态：

$$
\begin{cases}
\sigma = -\left(\dfrac{\sigma_1 + \sigma_3'}{2} - \dfrac{\sigma_1 - \sigma_3'}{2}\cos 2\beta - u \right) \\[3mm]
\tau = -\dfrac{\sigma_1 - \sigma_3'}{2}\sin 2\beta
\end{cases}
\tag{3-15}
$$

由于断裂力学中有关应力符号的规定是拉应力为正、压应力为负，而岩石力学中的规定正好与之相反，故在式（3-15）前加上负号。压剪作用下的裂纹，会形成抵抗裂纹滑移的摩擦力，而此时裂纹的切向力使裂纹产生切向变形并发生滑移，由于裂纹的扩展必须克服裂纹面上的摩擦力和黏结力的作用，因此最大有效剪应力的方向为最可能发生滑移的方向。此时，裂纹面上的有效剪应力为

$$
\tau' = \tau - \sigma \tan\varphi
\tag{3-16}
$$

将式（3-15）代入式（3-16）可得

$$
\tau' = -\frac{\sigma_1 - \sigma_3'}{2}\sin 2\beta + \left(\frac{\sigma_1 + \sigma_3'}{2} - \frac{\sigma_1 - \sigma_3'}{2}\cos 2\beta - u \right)\tan\varphi
\tag{3-17}
$$

由于岩体中含有许多原生裂纹，这些裂纹的存在使得岩体的强度比理论计算的强度要小，为了安全起见，采用以下临界失稳条件：

$$
K_{\mathrm{II}} = \frac{K_{\mathrm{IIC}}}{n}
\tag{3-18}
$$

由于 II 型裂纹面上是有效剪应力，故 $K_{\mathrm{II}} = \tau'\sqrt{\pi a}$。假定裂纹闭合力为 0（黄润秋等，2000），联立式（3-17）和式（3-18）可得

$$
u = -\left(\frac{K_{\mathrm{IIC}}}{n\sqrt{\pi a}} + \frac{\sigma_1 - \sigma_3'}{2}\sin 2\beta \right)\frac{1}{\tan\varphi} + \frac{\sigma_1 + \sigma_3'}{2} - \frac{\sigma_1 - \sigma_3'}{2}\cos 2\beta
\tag{3-19}
$$

二、岩体中的裂隙变形

1. 岩体裂隙的变形特征

在地应力和高压瓦斯等自然力营造环境中，在开挖工程措施扰动下岩体中裂纹的气压劈裂一般为压剪破坏模式，在断裂力学中表现为 II 型裂纹破坏（图 3-11）。

由弹性力学平面问题的解答，可以得出裂纹尖端附近的应力场：

$$
\begin{cases}
\sigma_x = \dfrac{-K_{\mathrm{II}}}{\sqrt{2\pi r}}\sin\dfrac{\theta}{2}\left(2 + \cos\dfrac{\theta}{2}\cos\dfrac{3\theta}{2} \right) \\[3mm]
\sigma_y = \dfrac{K_{\mathrm{II}}}{\sqrt{2\pi r}}\sin\dfrac{\theta}{2}\cos\dfrac{\theta}{2}\cos\dfrac{3\theta}{2} \\[3mm]
\tau_{xy} = \dfrac{K_{\mathrm{II}}}{\sqrt{2\pi r}}\cos\dfrac{\theta}{2}\left(1 - \sin\dfrac{\theta}{2}\sin\dfrac{3\theta}{2} \right)
\end{cases}
\tag{3-20}
$$

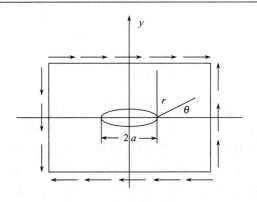

图 3-11　裂纹尖端应力场

式中，r，θ 为裂纹尖端附近点的极坐标；σ_x，σ_y，τ_{xy} 为应力分量。

由以上应力场公式（3-20）可以得出：

（1）在裂纹尖端，即 $r=0$ 处，应力趋于无限大，应力在裂纹尖端出现奇异点。

（2）裂纹尖端附近趋于的应力分布是 r 和 θ 的一定函数关系，与无限远处的应力和裂纹长无关。

以上是裂纹尖端应力集中的理论表示。裂纹尖端产生应力集中，应力强度因子 K_{II} 最大。K_{II} 为 II 型裂纹尖端应力强度因子，$K_{II}=\sigma\sqrt{\pi a}$，$\sigma$ 为名义应力（裂纹位置上按无裂纹计算的应力），a 为裂纹尺寸。理想状态下，当应力强度因子 K_{II} 达到岩石断裂韧度 K_{IIC} 时，即 $K_{II}=K_{IIC}$，裂纹会发生扩展，最终导致岩体发生失稳破坏。

2. 岩体裂隙的极限变形

众所周知，多孔介质发生体应变会导致孔隙大小也发生相应的改变，从某种意义上来说，介质材料的变形可以等效于介质中孔隙的变形，于是假设：

（1）从大量观测的统计意义上考虑，可以把岩柱中的裂纹看作沿岩柱横截面方向均匀分布。

（2）把每个横截面上的裂纹赋予量化的尺寸，近似看作长为 a，宽为 b 的矩形（$b<<a$）。如图 3-12 所示。

令：$\dfrac{A_{孔隙}}{A_{固体}}=n_i$（$A_{孔隙}$ 为横截面上孔隙的面积，$A_{固体}$ 为横截面上固体的面积），则可得

$$\int_0^s n_i \mathrm{d}s = \Phi \qquad\qquad (3\text{-}21)$$

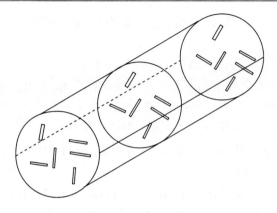

图 3-12　开挖巷道简图

此公式为岩柱在初始状态下孔隙比的表达式。岩柱在地应力、瓦斯气压力和开挖扰动的共同作用下，裂纹会经历起裂、扩展阶段。假定材料的泊松比为 μ，则达到临界状态时，裂缝的长变为 $a(1+\varepsilon)$,宽变为 $b(1+\mu\varepsilon)$。则式（3-21）变为

$$\int_0^s \frac{ab(1+\varepsilon)(1+\mu\varepsilon)}{A_{固体}}\mathrm{d}s = \Phi \tag{3-22}$$

由 $K_{\mathrm{II}} = \tau'\sqrt{\pi a}$ 可以得出：

$$a_{\mathrm{c}} = \frac{K_{\mathrm{IIC}}^2}{\pi \tau'^2} \tag{3-23}$$

a_{c} 为临界裂纹长度，故可以得出：

$$a(1+\varepsilon) = \frac{K_{\mathrm{IIC}}^2}{\pi \tau'^2} \tag{3-24}$$

由于裂纹宽度 $b \ll a$ ，故 $b(1+\mu\varepsilon)$ 可以忽略不计。

地下岩柱微元体的总应力即为埋深点以上岩体竖向自重应力，即 $\sigma_{总} = \gamma H$ 。则式（3-14）变为

$$(1+\Phi)\gamma H = \Phi u + \tau' \tag{3-25}$$

综合以上分析可得

$$\begin{cases} u = -\left(\dfrac{K_{\mathrm{IIC}}}{n\sqrt{\pi a}} + \dfrac{\sigma_1 - \sigma_3'}{2}\sin 2\beta\right)\dfrac{1}{\tan\varphi} + \dfrac{\sigma_1 + \sigma_3'}{2} - \dfrac{\sigma_1 - \sigma_3'}{2}\cos 2\beta & \text{(a)} \\[3mm] \tau' = -\dfrac{\sigma_1 - \sigma_3'}{2}\sin 2\beta + \left(\dfrac{\sigma_1 + \sigma_3'}{2} - \dfrac{\sigma_1 - \sigma_3'}{2}\cos 2\beta - u\right)\tan\varphi & \text{(b)} \\[3mm] \displaystyle\int_0^s \dfrac{ab(1+\varepsilon)(1+\mu\varepsilon)}{A_{固体}}\mathrm{d}s = \Phi & \text{(c)} \\[3mm] (1+\Phi)\gamma H = \Phi u + \tau' & \text{(d)} \end{cases} \tag{3-26}$$

式（3-26）构成了计算开挖岩柱安全厚度的控制方程组。

三、安全厚度算例

现以豫西大平煤矿 21 岩石下山开挖作为计算示例。设开挖巷道半径 r=1.6m，埋深 612m，瓦斯气压力 P=3.0MPa，侧压力系数 λ=0.6，围岩基本等级为Ⅲ级，γ=21.35kN/m³。软岩内有节理，节理面上内摩擦角 φ=27°，节理走向与最大主应力之间的夹角 β=15°，根据类似地区的计算经验，取断裂韧度 K_{IIC}=7.70MN/m³/²，裂纹失稳扩展的安全系数 n=1.25。

由边界条件可知，$\sin 2\beta$=0.5，$\cos 2\beta$=0.866，$\tan 27°$=0.51，σ_1=22.22MPa，σ_3=13.07MPa，则 $\sigma_3'=\sigma_3+P$=15.17MPa，代入控制方程组（3-26）的（a）式，得 u=12.18MPa；将 u 代入控制方程组（3-26）的（b）式，得 τ'=3.26MPa；将 τ' 代入式（3-24）可得 $a(1+\varepsilon)$=1.776，继而 Φ=0.083S，将以上数据代入控制方程组（3-26）的（d）式，可以得出预留的岩柱临界安全厚度 S=8.47m。

考虑到巷道开挖是一个复杂的系统工程，其安全距离与使用时间、外荷载、岩体的损伤软化、裂纹的扩展等多种因素有关。本节的公式虽然有一定的局限性，对实际工程仍然有一定的指导意义，实际情况需综合考虑各种因素的作用，做到合理选择，安全生产。下节将重点讨论岩体蠕变条件下的安全厚度计算方法。

第三节　基于流变理论的岩柱安全厚度计算模型

在地下采煤作业过程中，矿井工程如岩石巷道的掘进面前方常常会遇到煤层或断层，且其内部充满着高压瓦斯气体。为了保证整个采掘系统的安全，有时在特殊地带如采区边界、第四系隐伏露头以及断层带，均保留一定厚度的正常岩体（俗称安全岩柱）以防治瓦斯延期突出。在各类岩石与瓦斯突出事故中，安全岩柱的延期突出占其比例虽然较小，但是由于其隐蔽性、滞后性以及突然性，令人措手不及从而导致重大人员伤亡事故的发生，已引起有关方面的高度关注（张子敏、张玉贵，2005；刘金城等，2006）。

煤（岩）体的蠕变特性是地下采煤瓦斯延期突出的主要因素。近年来，国内外学者对此进行了诸多相关的研究，马尚权等（1999，2001）根据安全流变-突变的数学模型对含瓦斯煤岩的力学行为和过程进行了探讨，认为在相对狭小的采掘空间中，含瓦斯煤岩的应力状态、瓦斯渗流状态和工程结构性能都随时间变化；岳世权等（2005）利用 Matlab 编程采用最小二乘迭代法对蠕变实验数据进行拟合，认为蠕变试验曲线接近对数规律，并且建立了相应的蠕变理论模型；张向东等

（2004）提出泥岩类的广泛非线性蠕变方程；杨圣奇、倪红梅（2012）建立了泥岩黏弹性剪切蠕变模型，从而丰富了岩石材料的蠕变基础理论；徐卫亚等（2006）进一步提出了河海模型；冒海军等（2006）建立了全面的广义弹黏塑性模型。然而，关于"瓦斯延期突出机理"以及"相关防治措施"的研究目前刚刚起步（王志荣等，2009，2014），针对含煤岩系蠕变特性及其岩柱临界安全厚度的计算方法更是处于空白。本书结合河南省煤田二₁煤顶底板岩系的复杂沉积特点，研究与流变性相关的岩柱流变本构模型及破坏准则，建立岩柱安全厚度的计算模型，对揭示岩石与瓦斯延期突出机理及有效防治瓦斯延期突出，具有非常重要的意义。

一、含煤岩系的蠕变试验

1. 试验准备

试验在河南理工大学能源科学与工程学院三轴流变实验室进行，试验仪器采用长春市朝阳试验仪器有限公司生产的 RLW-2000 型岩石三轴流变仪。该试验机最大负载为 2000kN，围压测量范围 0～100MPa，位移测量范围为 0～50mm，测力精度为 1%，位移精度为 0.5%。具有应力、应变、位移等多种控制方式，还可在试验过程中实现控制方式之间的无冲击转换。

试验的试样位于 P_1^1 下二叠统山西组，采自豫西大平煤矿标高±0m，即埋深 330m 的 11 采区上车场。采用探巷钻机共取 9 个试样，包括 3 个砂质泥岩试样、2 个砂岩试样和 4 个泥岩试样。从各试样所施加的荷载情况来看，砂岩达到破碎所需施加的荷载最大，需要加载到 140MPa 左右才会破碎。泥岩次之为 70MPa，砂质泥岩所需施加的荷载最小，不足 49MPa。众所周知，岩体的蠕变性能是导致安全岩柱延期突出的主要原因，因此对其进行蠕变试验，可以得到各自的蠕变曲线和变形规律，为防突岩柱的安全厚度计算提供必要的地质参数。

2. 试验结果

本次实验中，当位移精度小于 0.5%时即加载下一级荷载。结果表明，无论外界荷载情况如何，煤系岩石都具有瞬时应变与加速蠕变阶段。不仅仅具有弹性元件和黏性元件，而且还应该具有塑性元件，从而具有黏弹塑性（图 3-13）。通过对几种经典蠕变模型的曲线拟合，表明伯格斯模型符合以上蠕变特性，可以以此来推导出适合含煤岩系的组合模型。

可以看出，软岩的蠕变性能与外界荷载的大小密切相关，当荷载小于某一值时，蠕变速率持续衰减直至趋于水平，而当荷载大于某一值时，就会出现稳态蠕变和加速蠕变的现象。从这个限值的大小来看，砂岩的强度最大，泥岩次之，砂质泥岩最小。造成砂质泥岩强度最小的原因是两组大小不同的颗粒混合在一起，

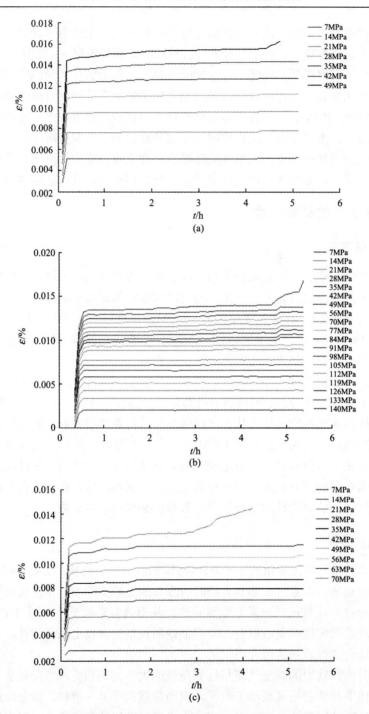

图 3-13　煤系地层在不同应力水平下的变形与时间关系曲线（彩图）

（a）砂质泥岩；（b）砂岩；（c）泥岩

无法密实胶结,导致了强度的损耗,使得混合有砂粒和泥粒的砂质泥岩反而没有泥岩的强度大。鉴于这种情况,我们有必要对砂岩、泥岩这样的岩石,尤其是位于其两者之间的砂质泥岩的蠕变情况进行分析研究。

二、含煤岩系的蠕变模型

1. 七元件非线性黏弹塑性模型

伯格斯模型相对于其他模型可以更好地模拟软岩蠕变的初始阶段和稳定阶段,但它与本次试验存在一定的偏差。为了更好地模拟顶底板岩系的蠕变,根据试验曲线,在伯格斯模型的基础上对其进行改进,得到了改进的伯格斯模型(图3-14),即在伯格斯模型中的并联段黏壶部分加一个弹簧片(E_3部分)。

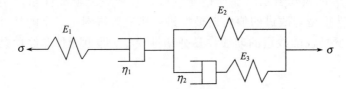

图 3-14 改进的伯格斯模型

改进后的伯格斯模型存在如下的应力-应变关系:

$$
\begin{cases}
\sigma_1 = E_1\varepsilon_1 \\
\sigma_2 = \eta_1\dot\varepsilon_2 \\
\left(\dfrac{E_2+E_3}{E_3}\right)\dot\varepsilon_3 + \dfrac{E_2}{\eta_2}\varepsilon_3 = \dfrac{\dot\sigma_3}{E_3} + \dfrac{\sigma_3}{\eta_2} \\
\sigma = \sigma_1 = \sigma_2 = \sigma_3 \\
\varepsilon = \varepsilon_1 + \varepsilon_2 + \varepsilon_3
\end{cases}
\tag{3-27}
$$

将下标消去,可得到改进后伯格斯模型的应力应变本构方程为

$$
\sigma + \left[\frac{\eta_1(E_1+E_2)}{E_1E_2} + \frac{\eta_2(E_2+E_3)}{E_2E_3}\right]\dot\sigma + \frac{\eta_1\eta_2(E_1+E_2+E_3)}{E_1E_2E_3}\ddot\sigma = \eta_1\dot\varepsilon + \frac{\eta_1\eta_2(E_2+E_3)}{E_2E_3}\ddot\varepsilon
$$

$$\tag{3-28}$$

蠕变的初始应力条件为,当 $t=0$ 时,$\sigma = \sigma_0 = $ 常数,由应力-应变关系可推得改进的伯格斯模型的蠕变方程为

$$
\varepsilon = \frac{\sigma_0}{E_1} + \frac{\sigma_0}{\eta_1}t + \left(\frac{\sigma_0}{E_2+E_3} - \frac{\sigma_0}{E_2}\right)\exp\left[-\frac{E_2E_3}{\eta_2(E_2+E_3)}t\right] + \frac{\sigma_0}{E_2}
\tag{3-29}
$$

当 $t=0$ 时，应变条件为，$\varepsilon = \varepsilon_0 =$ 常数，$\sigma = \sigma_0$，应用拉普拉斯变换可得改进的伯格斯模型的松弛方程为

$$\sigma = \frac{E_1\varepsilon_0}{2}\left[\left(1 - \frac{a}{\sqrt{a^2-4b}}\right)\mathrm{e}^{\alpha t} - \left(1 + \frac{\sqrt{a^2-4b}}{a}\right)\mathrm{e}^{\beta t}\right] \qquad (3\text{-}30)$$

其中，$a = \dfrac{\eta_1\left(E_1+E_2\right)}{E_1 E_2} + \dfrac{\eta_2\left(E_2+E_3\right)}{E_2 E_3}$，$b = \dfrac{\eta_1\eta_2\left(E_1+E_2+E_3\right)}{E_1 E_2 E_3}$，

$\alpha = -\dfrac{\sqrt{a^2-4b}+a}{2b}$，$\beta = \dfrac{\sqrt{a^2-4b}-a}{2b}$。

而当外界荷载大于岩石的屈服应力时，蠕变会随着时间的推移而加速，为了更好地表达顶底板岩系的加速蠕变阶段，需要建立非线性黏弹塑性流变模型，将黏塑性模型与改进的伯格斯模型进行串联，得到了一个能够全面地反映顶板岩系蠕变特性的改进的非线性黏弹塑性模型，即七元件非线性黏弹塑性模型（图 3-15）。

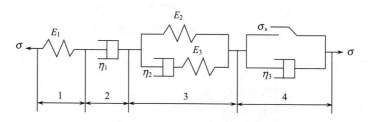

图 3-15　七元件非线性黏弹塑性模型

七元件非线性黏弹塑性模型存在如下的应力-应变关系：

（1）当 $\sigma_0 \leqslant \sigma_s$ 时，七元件非线性黏弹塑性模型中的 1、2、3 部分参与软岩的流变，此时此模型变为五元件线性黏弹性模型，即改进的伯格斯模型。其相应的应力-应变关系方程由上可知为

$$\begin{cases} \sigma_1 = E_1\varepsilon_1 \\ \sigma_2 = \eta_1\dot{\varepsilon}_2 \\ \left(\dfrac{E_2+E_3}{E_3}\right)\dot{\varepsilon}_3 + \dfrac{E_2}{\eta_2}\varepsilon_3 = \dfrac{\dot{\sigma}_3}{E_3} + \dfrac{\sigma_3}{\eta_2} \\ \sigma = \sigma_1 = \sigma_2 = \sigma_3 \\ \varepsilon = \varepsilon_1 + \varepsilon_2 + \varepsilon_3 \end{cases} \qquad (3\text{-}31)$$

（2）当 $\sigma_0 > \sigma_s$ 时，七元件非线性黏弹塑性模型中的 1、2、3、4 部分均参与岩石的流变，此时的应变-应变关系方程为

$$\begin{cases} \sigma_1 = E_1 \varepsilon_1 \\ \sigma_2 = \eta_1 \dot{\varepsilon}_2 \\ \left(\dfrac{E_2 + E_3}{E_3}\right)\dot{\varepsilon}_3 + \dfrac{E_2}{\eta_2}\varepsilon_3 = \dfrac{\dot{\sigma}_3}{E_3} + \dfrac{\sigma_3}{\eta_2} \\ \sigma_4 = \eta_3\dot{\varepsilon}_4 + \sigma_s \\ \sigma = \sigma_1 = \sigma_2 = \sigma_3 = \sigma_4 \\ \varepsilon = \varepsilon_1 + \varepsilon_2 + \varepsilon_3 + \varepsilon_4 \end{cases} \tag{3-32}$$

上式中应力和应变下标中的 1、2、3、4 分别表示七元件非线性黏弹塑性模型中四个部分，即 σ_1，σ_2，σ_3，σ_4 分别表示 1、2、3、4 各部分的应力，ε_1，ε_2，ε_3，ε_4 分别表示 1、2、3、4 各部分的应变。σ 和 ε 为七元件非线性黏弹塑性模型的总应力和总应变。模型的各个弹性模量和黏性参数分别为 E_1，E_2，E_3 和 η_1，η_2，η_3。

将下标消去，可得到改进后伯格斯模型的应力应变本构方程为

$$\begin{cases} \sigma + \left[\dfrac{\eta_1(E_1 + E_2)}{E_1 E_2} + \dfrac{\eta_2(E_2 + E_3)}{E_2 E_3}\right]\dot{\sigma} + \dfrac{\eta_1\eta_2(E_1 + E_2 + E_3)}{E_1 E_2 E_3}\ddot{\sigma} \\ \quad = \eta_1\dot{\varepsilon} + \dfrac{\eta_1\eta_2(E_2 + E_3)}{E_2 E_3}\ddot{\varepsilon}, \quad \sigma \leqslant \sigma_s \\ \sigma + \left(\dfrac{1}{E_1} + \dfrac{2}{E_2} + \dfrac{1}{E_3} + \dfrac{1}{\eta_3}\right)\eta_1\dot{\sigma} + \left[\dfrac{\eta_1\eta_2(E_1 + E_2 + E_3)}{E_1 E_2 E_3} + \dfrac{\eta_1\eta_2(E_2 + E_3)}{E_2 E_3 \eta_3}\right]\ddot{\sigma} \\ \quad = \dfrac{(E_2 + E_3)\eta_1\eta_2}{E_2 E_3}\ddot{\varepsilon} + \eta_1\dot{\varepsilon}, \quad \sigma > \sigma_s \end{cases} \tag{3-33}$$

当 $t=0$ 时，$\sigma = \sigma_0 =$ 常数，由式（3-31）和式（3-32），可推导出七元件非线性黏弹塑性模型的一维蠕变方程为

$$\begin{cases} \varepsilon = \dfrac{\sigma_0}{E_1} + \dfrac{\sigma_0}{\eta_1}t + \left(\dfrac{\sigma_0}{E_2 + E_3} - \dfrac{\sigma_0}{E_2}\right)\exp\left[-\dfrac{E_2 E_3}{\eta_2(E_2 + E_3)}t\right] + \dfrac{\sigma_0}{E_2}, \quad \sigma \leqslant \sigma_s \\ \varepsilon = \dfrac{\sigma_0}{E_1} + \dfrac{\sigma_0}{\eta_1}t + \left(\dfrac{\sigma_0}{E_2 + E_3} - \dfrac{\sigma_0}{E_2}\right)\exp\left[-\dfrac{E_2 E_3}{\eta_2(E_2 + E_3)}t\right] + \dfrac{\sigma_0}{E_2} + \dfrac{\sigma_0 - \sigma_s}{\eta_3}t, \quad \sigma > \sigma_s \end{cases}$$
$$\tag{3-34}$$

当 $t=0$ 时，应变条件为，$\varepsilon = \varepsilon_0 =$ 常数，$\sigma = \sigma_0$，应用拉普拉斯变换可得七元件非线性黏弹塑性模型的松弛方程为

$$\sigma = \dfrac{E_1\varepsilon_0}{2}\left[\left(1 - \dfrac{a}{\sqrt{a^2 - 4b}}\right)\mathrm{e}^{\alpha t} - \left(1 + \dfrac{\sqrt{a^2 - 4b}}{a}\right)\mathrm{e}^{\beta t}\right] \tag{3-35}$$

其中，$a = \left(\dfrac{1}{E_1} + \dfrac{2}{E_2} + \dfrac{1}{E_3} + \dfrac{1}{\eta_3} \right) \eta_1$，　$b = \dfrac{\eta_1 \eta_2 \left(E_1 + E_2 + E_3 \right)}{E_1 E_2 E_3} + \dfrac{\eta_1 \eta_2 \left(E_2 + E_3 \right)}{E_2 E_3 \eta_3}$，

$\alpha = -\dfrac{\sqrt{a^2 - 4b} + a}{2b}$，　$\beta = \dfrac{\sqrt{a^2 - 4b} - a}{2b}$。

2. 含煤岩系蠕变模型的数据拟合

由所推导七元件非线性黏弹塑性模型的一维蠕变方程，可将其化为含系数的本构模型：

$$\begin{cases} \varepsilon = \sigma_0 \left[a + b + dt - \dfrac{b^2}{b+c} \exp\left(-\dfrac{e}{b+c} t \right) \right], & \sigma \leqslant \sigma_s \\[4mm] \varepsilon = \sigma_0 \left[a + b + dt - \dfrac{b^2}{b+c} \exp\left(-\dfrac{e}{b+c} t \right) \right] + ft(\sigma_0 - \sigma_s), & \sigma > \sigma_s \end{cases} \tag{3-36}$$

其中，$a=1/E_1$，$b=1/E_2$，$c=1/E_3$，$d=1/\eta_1$，$e=1/\eta_2$，$f=1/\eta_3$。

利用此方程对砂质泥岩、砂岩、泥岩的试验结果进行拟合，以此来证实七元件非线性黏弹塑性模型对顶板岩系的适用性。对上式，拟合时采用 $\sigma > \sigma_s$ 的式子，其中 σ_s 的取值为 7MPa。拟合方法采用 Matlab 所自带的最小二乘法迭代功能。

基于七元件非线性黏弹塑性模型对三种岩石的拟合曲线（图 3-16）及统计学量（表 3-2）进行比较，试验数据基本位于拟合曲线之上，表明七元件非线性黏弹塑性模型能够很好地模拟二₁煤顶板岩系的蠕变发展全过程。其中砂质泥岩的和方差最小，泥岩其次，砂岩最大。进一步说明七元件非线性黏弹塑性模型不仅可以很好地模拟顶底板岩系的蠕变过程，而且岩石越软拟合效果越好，越能够反映其蠕变特性（表 3-3）。

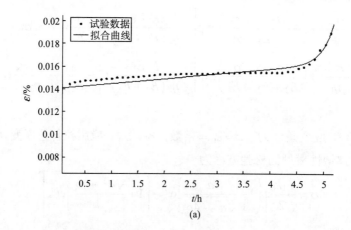

(a)

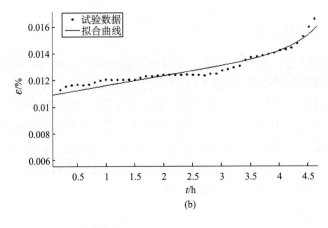

(b)

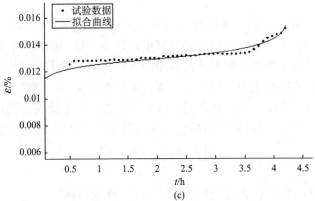

(c)

图 3-16 新模型对含煤岩系的拟合曲线

（a）砂质泥岩；（b）砂岩；（c）泥岩

表 3-2 七元件非线性黏弹塑性模型统计学量

顶板岩系	和方差	相关系数	校正后的相关系数	均方根
砂质泥岩	3.074×10^{-5}	0.9834	0.9822	0.0008766
砂岩	5.286×10^{-5}	0.9776	0.9752	0.001084
泥岩	3.896×10^{-5}	0.9802	0.9793	0.0009232

表 3-3 七元件非线性黏弹塑性模型参数

顶板岩系	E_1/MPa	E_2/MPa	E_3/MPa	η_1/（MPa·h）	η_2/（MPa·h）	η_3/（MPa·h）
砂质泥岩	4782.4	1.15×10^5	0.0365	0.0144	0.0110	0.0123
砂岩	3488.0	7.32×10^6	0.0517	0.0347	0.0107	0.0298
泥岩	4248.1	8.12×10^6	0.0404	0.0177	0.0108	0.0151

三、岩柱安全厚度计算

矿井工程与隧道、地下厂房以及储藏库等其他地下工程相比,有其自身独特之处,具体表现为巷道类型与使用年限较为复杂。除大巷和井筒外,大多数采区巷道则为"临时项工程",如阶段巷道、采准巷道等存在年限有限,一般不超过10年;服务于采场工作面的巷道,如机巷和风巷从施工到报废一般为1~2年;而大巷服务于整个开采水平,生产年限可达20年;井筒存在年限与矿井服务年限一致,时间较长一般为30~50年。因此,在考虑防突岩柱的时间效应时,应根据不同具体情况,设置不同厚度的安全岩柱。

1. 计算模型

数值模拟是解决含瓦斯煤岩稳定性这类岩土问题的有效方法(尹光志等,2008a,2008b;解东升等,2012)。ABAQUS 作为一款功能强大的有限元模拟软件,包含丰富的单元库,并拥有各种类型的材料模型,对于静力作用下结构的应变问题具有较强的模拟能力。根据大平煤矿工程实际案例,以突出泥岩为巷道岩柱假想体,采用 C3D8 单元,建立起非线性蠕变模型。根据实测的泥岩蠕变过程曲线[图 3-13(c)],可以拟合出蠕变应变与时间、等效蠕变应力的数学关系式:

$$\varepsilon = \frac{3.25 \times 10^{-8} \bar{\sigma}^{1.86} t^{0.398}}{0.398} \tag{3-37}$$

式中,ε 为蠕变应变;$\bar{\sigma}$ 为等效蠕变应力;t 为蠕变时间。

模型的初始边界为等围压三轴压缩条件,荷载条件即采用逐级加载方式,围压范围是 0~50MPa,最大偏应力为 200MPa。利用 Intel Visual Fortra,Microsoft Visual Studio,将式(3-37)导入 creep 子程序并代入 ABAQUS 中进行运算求解,岩石的力学参数采用前期常规力学试验结果(表 3-4)。得出蠕变曲线如图 3-17(a)所示。

图 3-17(a)表明,泥岩在初始瞬时蠕变阶段,蠕变应变增加得较快,蠕变应变速率也较大。随后进入过渡蠕变阶段,随着蠕变应变不断增加,蠕变应变速率逐渐减小,逐渐进入平稳蠕变阶段,直至材料破坏,因试验时间所限,没有反映出加速蠕变特征。泥岩模拟结果跟试验结果较为吻合[图 3-17(b)],再次验证了蠕变试验模型的正确性。

表 3-4　岩石力学参数

岩性	瓦斯压力/MPa	侧压力系数 λ	黏聚力/MPa	内摩擦角/(°)
泥岩	3	1.6	15.63	27.7

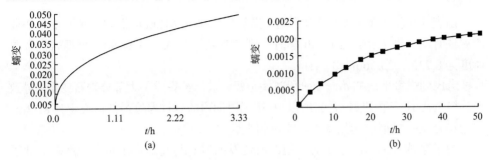

图 3-17　泥岩蠕变计算与试验对比图

（a）模拟曲线图；　（b）试验曲线图

2. 实际算例

岩体在外力作用下先后经过瞬时蠕变阶段、过渡蠕变阶段和加速蠕变阶段三个过程，随后发生破坏。岩体的蠕变是其本身发生失稳破坏的重要因素之一，故井下开挖预留的安全岩柱厚度与蠕变作用时间存在必然联系。

在其他条件相同的情况下，岩体的蠕变应变是应力的唯一函数。因此不同埋深的巷道，其岩体的蠕变规律不尽相同。运用 ABAQUS 模拟出不同埋深岩体的蠕变曲线，采用裂隙起裂应力下的岩体蠕变应变为失稳破坏临界蠕变应变值，可以得出相关参数（表 3-5）。

表 3-5　岩柱埋深、厚度与蠕变的关系

H/m	ε	t/a	S/m
300	0.0221	16.52	1.64
612	0.0367	7.63	8.41
1000	0.0549	2.24	20.62

表 3-5 中，H 为巷道埋深；ε 为临界蠕变应变；t 为临界蠕变时间；S 为预留安全厚度。由岩体蠕变的一般规律，拟合出下式：

$$S = AH(100\varepsilon)^m t^n \tag{3-38}$$

式中，S 为预留安全厚度；H 为巷道埋深；ε 为临界蠕变应变；t 为临界蠕变时间；A、m、n 为计算参数。

将表 3-5 相关参数代入式（3-38）中计算可得：$A=1.5\times10^{-4}$，$m=2.66$，$n=0.53$。故式（3-38）变为

$$S = \frac{3H \times (100\varepsilon)^{2.66} t^{0.53}}{20000} \tag{3-39}$$

由表 3-5 和式（3-39）可以看出，当算例为埋深 612m 的泥岩巷道，安全作业的保证时间分别为 10、20、30 年时，则将各数据代入式（3-39），可得岩柱临界厚度为 8.73m、23.56m、39.41m。

考虑到煤系地层初始蠕变阶段时间很短，且已经完成了大部分岩石变形，导致计算模型在 10 年内衰减很快。所以 10 年试用期内的岩柱厚度最低值设定为 8.73m，完全符合试验模型的初始条件与实际情况。

由于穿越含瓦斯断层带的巷道，所诱发的岩石与瓦斯突出是一种严重的地质灾害，并伴有复杂的动力现象，因此防护岩柱的设置对安全生产有非常重要的意义。本案例计算结果表明，预留安全厚度 8.73m，有约 10 年的安全保证时间；预留 23.56m 的安全厚度时，有 20 年的安全保证时间；预留 39.41m 的安全厚度时，有 30 年的安全保证时间，研究结果与实际工程相比较，具有较高的吻合性。然而，巷道的开挖是一个复杂的综合工程，冲击波对巷道围岩的动力效应以及安全岩柱厚度的确定跟开挖方式、瓦斯压力、岩体性质等多种因素有关。但仍要根据实际情况，综合考虑各种因素的作用，做到合理选择，安全生产。

第四节　断裂带防突岩柱的安全设置

断层岩柱内部的瓦斯突出，其实质就是岩石与瓦斯共同突出。这是一种和煤与瓦斯突出相类似的瓦斯动力现象，两者的差别仅在于参与突出的固体种类不同。岩石吸附瓦斯的能力一般远小于煤层，故岩柱瓦斯突出时，参与突出的主要是岩石孔隙和裂隙中所含的游离瓦斯。

一、岩柱突出的破坏方式

岩柱瓦斯突出是在岩石中进行爆破作业时，炸药直接作用范围之外所发生的岩石破碎和抛出，其基本特征是：

（1）在巷道迎头处的岩石破碎；

（2）岩体内形成突出孔洞，孔洞周围岩石成碎片状或鳞状；

（3）岩石从工作面抛出，抛出物的大部分被粉碎成粒状，小部分为块状；

（4）大量瓦斯涌入巷道。

与煤与瓦斯突出相比，岩柱瓦斯突出发生的次数较少。我国仅在北票、重庆地区、营城、窑街和阜新东梁等局矿，发生过各种类型的岩石与瓦斯突出 40 余次，其中包括砂岩与甲烷突出（北票、东梁），砂岩与二氧化碳突出（营城）以及砂岩、煤、二氧化碳和甲烷共同参与的突出。而豫西大平煤矿的断层岩柱瓦斯突出是迄今规模最大、伤亡最惨烈、影响最恶劣的一次矿难事故。

据事故现场清理记录，从 21 轨道岩石下山变坡点向里 2.5m 处轨 12 点（图

3-18)开始有突出煤（岩）堆积物，堆积物坡角 10.50°，顶部有一层厚 10～15cm 的煤尘。堆积煤（岩）体以碎粒粉末状煤为主。夹有 3～4cm 大小的煤块和砂质泥岩岩块。由变坡点向断层突出点，堆积物坡度变缓，顶面距巷顶尚有 70～80cm，突出煤（岩）块度有增大及增多的现象。至图 3-18 中轨 15 点（距迎头 78m），可见长轴 80cm、短轴 30～40cm、厚度 10～15cm 的薄层泥岩岩块，表面上有光亮的摩擦镜面，突出物中最大的岩块直径达 1m 以上，厚度 30～40cm。至图 3-18 中轨 17 点（距迎头 32.7 m），突出物中岩块最大直径达 2.2m，厚度 50cm，大块岩石堆积在一起，占岩石堆积物总量的 80%左右。岩性为煤层底板深灰至灰黑色砂质泥岩，层面上观察到大量的由挤压错动形成的光亮摩擦镜面，擦沟擦槽中镶嵌有构造煤体，煤（岩）体内部均发育大量流劈理等小型构造。

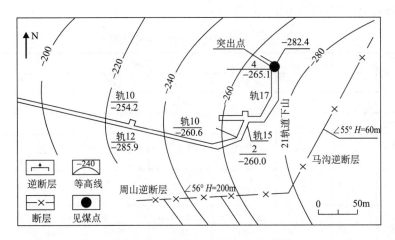

图 3-18 大平煤矿 21 岩石下山平面

由此可见，岩石与瓦斯突出的一般规律是：

（1）多发生在地质构造带，北票局岩石与瓦斯突出的 60%以上发生在断层附近，窑街皮带斜井的特大型突出也发生在断层区；

（2）煤矿中迄今的岩石与瓦斯突出仅发生在砂岩中，与一般砂岩相比，突出危险的砂岩强度低、孔隙率大，砂岩中的胶结物含量低；

（3）岩石与瓦斯突出发生前，工作面瓦斯涌出量增大，工作面爆破后，进尺超过炮眼深度；

（4）岩石与瓦斯突出迄今皆系爆破引起。

二、岩石与瓦斯突出危险性预测

我国由于岩石与瓦斯突出发生次数不多，对如何预测岩石与瓦斯突出尚未进行全面系统的研究。在国外，由于顿巴斯矿区多次发生岩石与瓦斯突出，已提出一些区域性和工作面岩石与瓦斯突出危险性预测方法，其中一些方法已引入我国《防治煤与瓦斯突出细则》。

岩石与瓦斯突出危险性预测可用综合指标 B 法、岩心法、三指标法或预兆法。

（一）综合指标 B 法

该法一般用于井田的岩石与瓦斯突出危险性区域预测。应用该法时，利用地质勘探钻孔和井下钻孔所取的砂岩岩心，进行岩性、孔隙性和强度等分析和试验测定，根据测出的各指标值，按表 3-6 所列标准打分，求出综合指标 B 值，并依此预测砂岩的突出危险性。综合指标 B 为第一组指标 B_1 和第二组指标 B_2 的算术平均值。第一组指标 B_1 是三个亚组指标的算术平均值。每一亚组的得分数由该亚组各指标得分的平均值求出。

表 3-6　砂岩突出危险性打分标准表

指标	单位	打分表					
		0	0.2	0.4	0.6	0.8	1.0
第一组指标							
第一亚组							
碎屑石英含量	%	<30	$\frac{30\sim40}{35}$	$\frac{40\sim50}{45}$	$\frac{50\sim60}{55}$	$\frac{60\sim70}{65}$	>70
再生石英含量	%	<2.5	$\frac{2.5\sim5.0}{3.7}$	$\frac{5\sim7.5}{6.2}$	$\frac{7.5\sim10}{8.8}$	$\frac{10\sim12.5}{11.3}$	>12.5
云母黏土矿物含量	%	>45.0	$\frac{35.0\sim45.0}{40.0}$	$\frac{25.0\sim35.0}{30.0}$	$\frac{15.0\sim25.0}{20.0}$	$\frac{5.0\sim15.0}{10.0}$	<5.0
平均颗粒直径	mm	<0.12	$\frac{0.12\sim0.13}{0.13}$	$\frac{0.13\sim0.16}{0.15}$	$\frac{0.16\sim0.20}{0.18}$	$\frac{0.20\sim0.28}{0.24}$	>0.28
接触长度	mm	<0.10	$\frac{0.10\sim0.20}{0.15}$	$\frac{0.20\sim0.30}{0.25}$	$\frac{0.30\sim0.40}{0.35}$	$\frac{0.40\sim0.50}{0.45}$	>0.5
第二亚组							
开放孔隙率	%	<2.50	$\frac{2.5\sim4.5}{3.5}$	$\frac{4.5\sim6.5}{5.5}$	$\frac{6.5\sim8.5}{7.5}$	$\frac{8.5\sim10.5}{9.5}$	>10.5
极限抗拉强度	MPa	>10.0	$\frac{8.6\sim10.0}{9.0}$	$\frac{7.2\sim8.6}{7.9}$	$\frac{5.8\sim7.2}{6.5}$	$\frac{4.4\sim5.8}{5.1}$	<4.4
第三亚组							
瓦斯充满孔隙的程度	%	<40	$\frac{40.0\sim50.0}{45.0}$	$\frac{50.0\sim60.0}{55.0}$	$\frac{60.0\sim70.0}{65.0}$	$\frac{70.0\sim80.0}{75.0}$	>80.0
第二组指标							
开采深度	m	<500	$\frac{500\sim700}{600}$	$\frac{700\sim900}{800}$	$\frac{900\sim1100}{1000}$	$\frac{1100\sim1300}{1200}$	>1300

当综合指标 $B<0.4$ 时，砂岩无突出危险；$B=0.4\sim0.6$ 时，砂岩为弱突出危险，可能发生微冲击和强度很小的突出；$B=0.6\sim0.8$ 时，为中等突出危险，可能发生强度$<500t$ 的中型突出；$B=0.8\sim1.0$ 时，为高突出危险，可能发生强度超过 500t 的大型突出。

这一岩石突出危险性预测方法，曾在顿巴斯"斯塔哈诺夫"和"红军西一矿"推广应用。

（二）岩心法

在有突出危险砂岩中掘进巷道和巷道揭开突出危险的砂岩层时，可用岩心法预测工作面的突出危险性。

用岩心法进行突出危险性预测时，在工作面前方沿巷道前进方向打直径为 $50\sim75mm$ 的钻孔，取出全部岩心，并记录从距工作面前方 2m 起岩心中的薄片数。岩体的突出危险程度可参照下列方法进行预测：

（1）当取出岩心长度皆在 150mm 以上，岩心上无裂隙环绕时，则无突出危险；

（2）取出岩心长度多在 150mm 以上，但岩心上有裂隙环绕，且夹杂着个别圆片时，表明巷道将进入弱突出危险区；

（3）当取出岩心在 1m 长度内有 $20\sim30$ 个圆片，并夹杂有长度为 $50\sim100mm$ 且带有环状裂隙的圆柱体时，表明巷道将进入中等程度突出危险地带；

（4）当取岩心 1m 长度内，具有 $30\sim40$ 个凸凹状圆片时，表明巷道将进入严重突出危险地带。

（三）三指标法

煤炭科学研究总院抚顺分院与营城煤矿合作研究，参照波兰经验，提出三因素综合法预测工作面砂岩与二氧化碳的突出危险性。三因素包括：1m 长岩心的薄片数、新打钻孔封闭 5min 时 CO_2 压力和岩石的坚固性系数。

经试验研究，初步得出营城九井砂岩的突出危险临界值是：钻孔封闭 5min 时的 CO_2 压力 $\geqslant0.06MPa$，1m 长岩心的圆片数 $\geqslant70$ 片，砂岩的坚固性系数 $f\leqslant1$。只有同时满足上述三指标时，才认为有突出危险。

钻孔封闭 5min 后 CO_2 压力的测定方法如下：

首先在工作面打直径为 42mm，深 $5\sim6m$ 的钻孔，完孔后立即将特制的胶囊封孔测压器送入钻孔，在孔底留测压室长度为 0.5m。借助打气筒打气使胶囊膨胀封孔，充气压力为 0.05MPa，经 5min，测定钻孔 CO_2 压力。

图 3-19 为抚顺分院研制的胶囊封孔测压器，它由胶囊、充气系统和测压系统组成。测压器备有专用的安装杆。安装时，为避免送封孔器时孔中形成气体压力，阀门 3 位于开启状态。待胶囊膨胀封孔后，关闭阀门 3，开始测压。

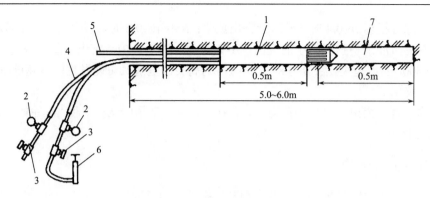

图 3-19　胶囊封孔测压器

1. 胶囊；2. 充气压力表；3. 阀门；4. 高压胶管；5. 安装杆；6. 打气筒；7. 测量室

（四）预兆法

根据国内外的实践，岩石与瓦斯突出前，往往也出现一些预兆，凡具有下列预兆即可认为巷道将进入突出危险地带：

（1）砂岩呈薄片状或松软碎屑体；

（2）工作面爆破后，进尺超过炮眼深度；

（3）工作面瓦斯涌出量明显增大；

（4）有明显的火成岩侵入。

三、岩石与瓦斯突出防治

迄今为止，国内外岩石与瓦斯突出皆系由爆破作业所引起，因此，为了防止岩石与瓦斯突出造成人身伤亡事故，国内外普遍采用放震动炮（包括远距放炮）安全防护措施。由于岩石与瓦斯突出和煤与瓦斯突出皆系瓦斯动力现象，两种现象发生时释放的能量皆系固体所包含瓦斯的能量，因而，原则上看大多数防治煤与瓦斯突出的措施皆可用于防治岩石与瓦斯突出，如开采保护层、松动爆破、排放钻孔等。以下根据我国《防治煤与瓦斯突出细则》的规定，简要介绍防治岩石与瓦斯突出的几种措施。

（一）改善爆破工艺参数

岩石与瓦斯突出皆系爆破引起，表明这种突出发生需要较大的诱发能量。通过改善爆破参数，减弱爆破对岩体的冲击震动，就可以减少突出次数和减小突出强度。改善爆破作业可采用浅孔爆破和多段爆破法。

采用多段爆破法时，先在工作面中部进行深掏槽，一般打 6 个掏槽眼，6 个辅助眼，呈椭圆形布置，使爆破后形成椭圆形的超前孔洞。超前孔洞形成后，打周边眼, 周边眼距孔洞边的距离应不小于 0.5m, 孔洞超前距不应小于 2m。

多段爆破法适用于弱和中等程度突出危险的地带, 且爆破作业应采取远距离放炮。为了减小爆破对岩体的动力冲击, 可采用带有缓冲垫的炸药卷。该药卷由硝铵炸药和氯化钠组成, 将硝铵炸药药卷装入两层聚乙烯薄膜内, 内层薄膜直径 26mm, 外层薄膜直径 30mm, 两层薄膜之间装入粒度小于 3mm 的氯化钠。采用带缓冲垫药卷时, 炮眼长度 1.8~2m, 装药长度不大于孔深的 2 / 3, 封孔长度不小于 0.5m。建议爆破作业分 2~3 次进行。首先进行掏槽眼的打眼爆破, 当爆破后工作面处于安全状态和清理岩渣后, 再进行辅助炮眼的打眼爆破, 如有必要最后进行周边眼的打眼爆破。

(二) 深孔控制卸压爆破

煤炭科学研究总院抚顺分院于 1988~1989 年为了防治营城煤矿砂岩与 CO_2 突出, 试验应用了深孔控制卸压爆破措施。与松动爆破措施相比, 该措施的特点一是增大了孔深和孔径, 二是增加了破裂导向控制孔, 从而增大爆破的松动卸压和瓦斯排放效果。

采用深孔控制卸压爆破措施时, 在突出危险的砂岩掘进工作面, 向前方岩体打 4~5 个直径为 60~75mm、深 15~25m 的钻孔, 其中部分钻孔装药爆破, 部分钻孔不装药, 起控制爆破裂缝方向的作用。为了检查爆破后的松动效果, 在试验阶段, 增打了观测孔, 测定爆破前后钻孔瓦斯涌出量的变化。

图 3-20 和图 3-21 分别示出了工作面钻孔布置与爆破孔装药结构示意图。应用该措施时, 爆破孔的最大超前距为 5.0m。试验表明, 当爆破孔直径为 60mm 时, 其有效影响半径大于 2.1m。该措施可在岩石严重突出危险地点应用。

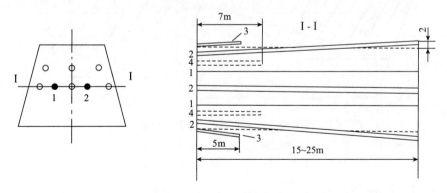

图 3-20 深孔控制卸压爆破钻孔布置

1. 爆破孔; 2. 控制孔; 3. 残孔; 4. 观测孔

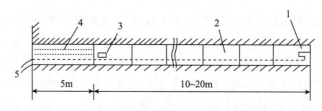

图 3-21　深孔控制卸压爆破孔装药结构
1. 导爆索；2. 药包；3. 雷管；4. 封泥；5. 脚线

（三）开卸压槽

在岩石与瓦斯突出严重危险地带，可采用开卸压槽措施。卸压槽可以是近水平的，也可沿巷道轮廓线布置。卸压槽可用机械化方法或钻孔爆破法形成。

卸压槽深度一般为 1.2～2.0m，槽高不小于 40mm，槽的超前距一般不应小于 0.6m。图 3-22 和图 3-23 分别示出了近水平卸压槽和巷道轮廓线卸压槽布置示意图。

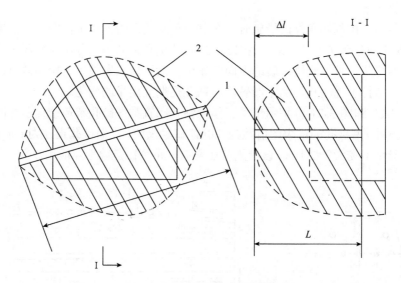

图 3-22　近水平卸压槽布置示意图
1. 卸压槽；2. 保护区；Δl. 超前距

（四）限制挡栏

为限制岩石突出的强度，在岩石与瓦斯突出严重危险地带放炮时，应设置挡栏。钢绳挡栏是一种轻便型挡栏。钢丝绳编成方格网状，钢丝绳直径 22～25mm，绳间距 150～200mm，挡栏设置在距工作面 3～3.5m 处。

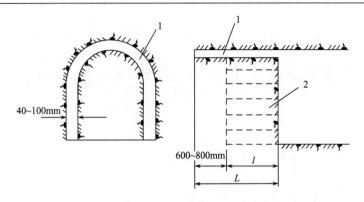

图 3-23 巷道轮廓线卸压槽布置示意图
1. 卸压槽；2. 掘进工作面；L. 卸压槽深度；l. 掘进炮眼深度

（五）瓦斯抽放

岩柱瓦斯抽放是利用钻孔、管道和真空泵将岩体内的瓦斯抽至地面，有效地解决岩柱内瓦斯浓度超限问题。瓦斯抽放是从源头上防范岩柱瓦斯事故的治本之举。采取抽放措施，将富含于岩层中的瓦斯抽放出来，对防止瓦斯事故，保证煤矿安全生产，提高生产力、保护环境和开发资源具有重要意义。因此，它是我国目前公认的瓦斯突出治理最有效的方法之一。

自 50 年代以来，河南省煤炭系统通过不断总结历次瓦斯矿难的经验教训，与各种瓦斯地质灾害展开了不懈的斗争，先后采用过留大根掘进、半边掘进、双巷轮替掘进等作业方式以及多钻孔排放、大直径钻孔超前排放、震动性放炮、松动爆破、水力冲孔、边掘边抽和预抽放瓦斯等技术措施，有效遏止了当前瓦斯地质灾害愈演愈烈的严峻趋势。

1. 群孔排放卸压

（1）防突原理：通过安全岩柱向突出断（煤）层打多个钻孔，提前排放瓦斯，使岩柱及围岩的瓦斯压力迅速降低，以保证安全揭穿断（煤）层。有抽放系统的矿井应采用抽放方式以提高排放卸压效果，目前焦作矿区石门揭煤大都采用该项工艺，效果很好。

（2）钻孔布置：距煤层 3m 时，停止石门掘进，随即布孔打钻（图 3-24）。孔径一般不小于 75mm，钻孔数目以石门断面大小和排放孔影响半径而定，一般不少于 15 个。孔深尽可能穿透断（煤）层，排放孔与测压孔间距应大于 1.5m，排放卸压区一般控制在揭断（煤）层处巷道周边 5m 以及正前方 15m 范围内。

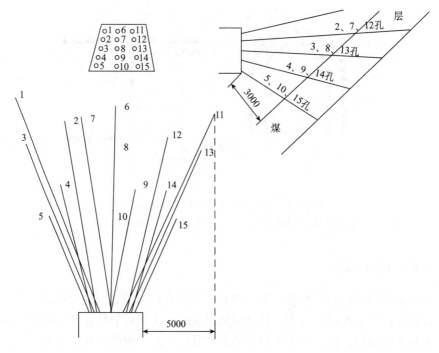

图 3-24　群孔排放瓦斯钻孔布置示意图

（3）排放时间：评价排放卸压孔是否发挥防突效应，其标准为观察孔（测压孔）的瓦斯压力在 1MPa 以下，或测压孔内有明显的压力降。实践证明，焦作矿区的钻孔瓦斯排放时间一般应大于 2 个月。经长时间卸压排放后的断（煤）层瓦斯压力，若能达到 1MPa 以下的标准才准许揭露断（煤）层。

2. 水力冲孔

（1）作用原理：水力冲孔的基本原理是利用高压射流的冲击作用，将岩（煤）体内冲出一定的空隙从而加速瓦斯的渗透排放，促进断（煤）层瓦斯含量和压力的降低；同时利用冲孔周围软分层移动变形，促使岩（煤）体应力重新分布，扩大渗透卸压范围；另外，冲孔过程中的高压水射流还可以在断（煤）层内诱发小型突出，逐步释放断（煤）层中积蓄的潜能，防止揭煤时发生大型瓦斯突出。

（2）冲孔布置：穿层冲孔须保留 3m 安全岩柱，揭露断（煤）层后安全（岩）煤柱不得小于 5m。每次冲孔眼数依石门（巷道）断面大小而定，一般为 8～9 个。冲孔卸压的范围与岩（煤）体的力学性能有关，通常情况下巷道两侧各为 2～4m，巷道顶和底各为 1～1.5m（图 3-25）。

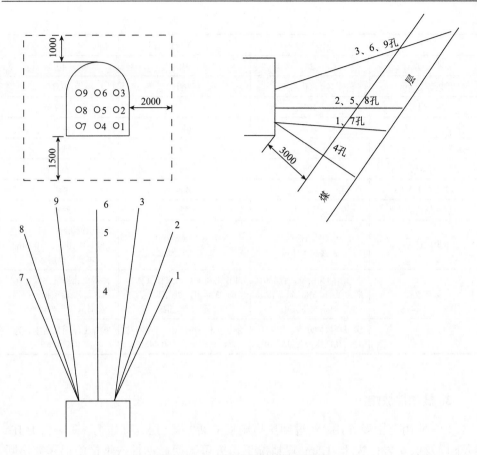

图 3-25　水力冲孔钻孔布置示意图

（3）应用效果：1979～1982 年，焦作矿区先后在中马村矿 19 轨道石门和九皇山矿 11、12 沉淀池等三处揭煤地点，应用水力冲孔措施，安全地揭穿了突出煤层，三次应用水力冲孔概况及效果见表 3-7。

表 3-7　焦作矿区水力冲孔防突效果分析表

项目	中马村矿 19 石门	九里山矿 11 石门	九里山矿 12 沉淀池石门
标高/m	−137	−222	−222
垂深/m	290	315	315
煤层厚度/m	7.5	8	6.6
煤层倾角/（°）	15	14	12
揭煤巷道长/m	65	70	137
施工日期	1979 年 2～7 月	1980 年 3～7 月	1982 年 1～3 月

续表

项目	中马村矿19石门	九里山矿11石门	九里山矿12沉淀池石门
冲孔数/个	28	19	40
冲孔总长/m	680	460	1077
冲出煤量/t	103	96	149
冲放瓦斯量/万 m³	10.2	14.4	4.8
煤层瓦斯含量/（m³/m³）	40	29	11
冲孔有效时间/h	374	199	491
冲孔水压/MPa	4.2	4.2	4.0
煤层瓦斯自喷程度	特别严重	严重	严重
揭煤过程	从煤层顶扳揭开直接穿入底板	从煤层顶板揭开直接穿入底板	从煤层顶扳揭开后，沿伪顶倾角（10°）上山74m，再穿入煤层底板
防突效果	冲排出的瓦斯量，占煤体瓦斯含量的66%，揭开掘进时未发生突出	冲排出瓦斯量占煤体瓦斯量的73%，揭开掘进时无突出和瓦斯超限	冲排出瓦斯量占煤体瓦斯含量的33%，揭开掘进时只发生响煤炮
备　注	煤层顶板为砂岩，裂隙发育，瓦斯压力为0.22MPa	煤层顶板为细砂岩，裂隙发育，瓦斯压力为0.44MPa	揭煤工作面瓦斯压力为0.7MPa

3. 震动性放炮

（1）应用范围及作用：经过卸压措施后的断（煤）层瓦斯压力，在降至1MPa以下以及保安岩柱大于1.5m厚情况下，方可采用震动性放炮措施揭露突出断（煤）层。

（2）炮眼布置：为了扩大揭露断（煤）层面积，同时保持1.5m的安全岩柱，需掘出6～10m长的揭断（煤）导洞。炮眼布置在导洞的底（顶）板上，眼距及排距小于0.5m，总眼数由所掘导洞底面大小而定，一般为50～100个。半数炮眼打入断（煤）层内，眼深1.8～2.0m，另一半炮眼可不打入断（煤）层，眼深不超过1.2m，炮眼装药量可适当增加，但要符合《煤矿安全规程》规定，全部炮眼同时起爆，炮眼布置如图3-26。

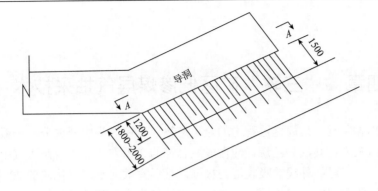

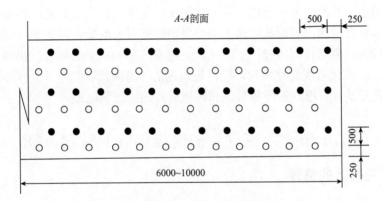

图 3-26 震动性放炮导洞及炮眼布置示意图

第四章　"三软"矿区低渗煤层气抽采技术

瓦斯又称煤层气，是煤化过程中的烃类产物，以甲烷为主要成分，一般占成烃总量的 80% 左右，其次为乙烷，约占成烃总量的 20% 左右。甲烷是大气中主要的温室气体之一，对红外线的吸收能力极强，其温室效应是二氧化碳的 20 多倍。煤层瓦斯具有资源和灾害双重性，一方面，煤层气作为非常规天然气，是一种潜力巨大的洁净能源；另一方面，我国煤层瓦斯无论是在突出次数，还是突出强度上都是非常严重的，因而被公认为当前我国煤矿五大地质灾害之首（周世宁、何学秋，1990；俞启香，1992；于不凡、王佑安，2000；王志荣等，2009；胡向志等，2011）。在化石能源枯竭和环境污染问题的严重困扰背景下，世界各国纷纷致力于研究开发具有很好的经济效益和环境效益的清洁新能源。

第一节　"三软"矿区煤层气的赋存特征

一、研究靶区的选择

随着当今世界能源科学技术的发展，人们发现具有矿井灾害含义的"瓦斯"术语，逐渐演绎为具有资源开发含义的"煤层气"术语。考虑到"三软"煤层的空间组合形式以及相应的物性特征，很大程度上制约着这类低渗气藏的开发利用，因此采矿界传统的"三软"煤层这一开采术语完全可以引入到煤层气开发领域。曹代勇等根据煤体原生结构的破坏程度不同，将构造煤划分为六种基本成因类型（表4-1）。

表 4-1　煤的构造类型划分简表（曹代勇，2002）

类型	变形机制	变形环境
碎裂煤	脆性变形	挤压或无方向性的张裂，且张裂作用占主导地位
碎斑煤		
鳞片煤		强烈剪切应变环境
碎粉煤		强烈破碎带，也可能是鳞片煤后期改造结果
非均质结构煤	韧性变形	在构造应力作用下，由于高地温背景引起韧性流动
揉流糜棱煤		高温、高应力地质环境，构造变形达到煤的大分子结构尺度

河南省处华北煤盆地南部边界，全省煤田为典型的华北型石炭-二叠系煤田，主要煤系有上石炭统太原群、下二叠统山西组和上二叠统上石盒子组，以及局部发育的中侏罗统义马组。印支期强烈的板块运动，致使主采二₁煤层厚度变化频繁、变形复杂，为"三软"矿区的形成创造了理想的外部构造条件。南部三门峡—宜阳—汝阳—临汝—朝川一线的逆冲推覆构造带，与豫西洛阳—郑州一线的重力滑动构造区为河南省"三软"矿区典型发育区，赋存有碎粉煤与糜棱煤。而豫北焦作煤田与鹤壁煤田位于新华夏系太行山隆起带前缘，构造位置处于板缘活动构造与板内稳定构造的过渡地带，主采二₁煤层在剖面上一般呈原生煤与碎裂煤的互层结构，为河南省"三软"矿区向北延伸发育区。

焦作矿区位于河南西北部，是一个有近百年开采历史的老矿区。矿区东西长60km，南北宽15km，含煤面积为970km²，累计探明煤炭资源储量为44.7亿t，保有煤炭资源储量为26.38亿t，是我国优质无烟煤的产出基地之一。由于人口、资源环境及经济、科技等因素的制约，河南省能源供应与经济增长方式存在着长期的矛盾。开发和利用煤层气，既能充分安全地利用现有清洁能源——煤层气，又能保护大气环境，因而是我国低碳经济条件下促进社会协调发展的重大新能源举措（冯三利、叶建平，2003；徐凤银等，2008；秦勇等，2010）。据2000年中联煤层气公司和煤炭科学研究总院西安分院研究资料，焦作煤田煤层气蕴藏量极其丰富，风化带以下-2000m以上且含气量大于8m³/t的煤层气资源量为1583.82×10⁸m³，资源丰度为1.27×10⁸m³/km²，具有良好的开发前景。煤田内恩村、演马庄-九里山和古汉山区块均具较好的煤层气开发条件，其中尤以九里山井田为最佳。目前，全区已有6个统配煤矿在井下进行煤层气抽放，年抽放量达1141万m³。

郑州矿区位于郑州市西南部，发育典型的华北型石炭-二叠系煤系地层，主要煤系有上石炭统太原群、下二叠统山西组和上二叠统上石盒子组。以掀斜断块为主要标志的伸展构造和沿盖层中软弱层位发育的重力滑动构造，是豫西煤田内最富特色的构造现象（李万程，1979；马杏垣，1981；王昌贤、曹代勇，1989；曹代勇，1990）。晚古生代以来的多期滑动致使主采二₁煤层厚度变化频繁、形态复杂、煤级高，具有明显不同于板内同时代煤层的特殊性。构造区煤矿自开采之时起瓦斯地质灾害即连绵不断，国有郑州煤业集团告成煤矿、大平煤矿和超化煤矿皆为豫西罕见的高瓦斯矿井，瓦斯涌出、煤与瓦斯突出、瓦斯爆炸及煤层自然发火等安全事故层出不穷。据最新资料统计，矿井瓦斯绝对涌出量一般为24.51m³/min，最大达到30m³/min以上；高瓦斯采面瓦斯绝对涌出量为25m³/min，相对涌出量为10.8m³/t。此外，瓦斯动力现象也较频繁，一次突出量在500~1000m³共发生15次，1000~5000m³占6次，5000~10000m³占5次，大于10000m³占2次。2004年10月20日发生的大平煤矿特大瓦斯矿难，瓦斯突出量高达47621m³，煤（岩）突出量高达2273m³。最终造成148人死亡，35人受伤，直接经济损失3935.7万元。

根据河南省工信厅下发的《关于 2013 年全省煤炭行业工作要点（豫工信煤
[2013]220 号）通知》中的表述，河南省"三软"矿区包括郑州矿区、平顶山矿
区、义马矿区、焦作矿区、鹤壁矿区等主要产煤区。鉴于"三软"矿区的构造单
元与行政区划二者的空间范畴基本一致，因此本书选择焦作矿区与郑州矿区作为
研究靶区，既具有科学依据，又具有可对比性。

二、焦作矿区瓦斯地质背景

1. 构造条件

焦作矿区构造简单，总体为一倾向南东、倾角 8°～15°的单斜构造。区内广泛
发育自燕山运动以来所生成的各种构造形迹，以断裂构造为主，褶皱构造表现微弱。
由于被多组断层切割，矿区被分为三大断块，即西南、中部和东部断块。西南断块
位于朱村断层（落差大于 1000m）与凤凰岭断层（落差 200～300m）之间，以地垒、
地堑构造形式为主，中间有墙南向斜，煤层埋藏深度 65～2000m。分布在该断块的
生产矿井有：王封、李封、朱村、焦西、焦东等矿。中部断块位于凤凰岭断层与峪
河断层（落差 300～500m）之间，呈南升北降的阶梯状断层组合。由于断层的下盘
被逐渐抬起，煤层埋藏深度仅 60～200m，极其有利于气田开发。分布在该断块的
生产矿井有：马村、中马村、韩王、演马庄、冯营和九里山等矿。东部断块位于峪
河断层以东，同样呈北升南降的阶梯状断层组合，至今尚未开发（图 4-1）。

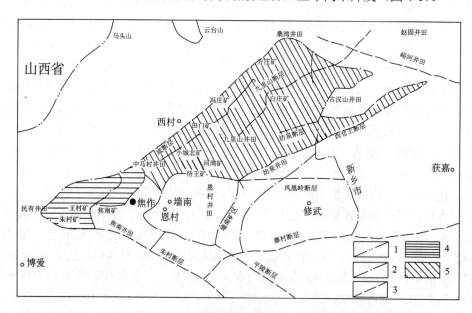

图 4-1　焦作煤田构造及井田分布示意图

1. 行政区划界线；2. 井田边界；3. 隐伏断层；4. 采空区；5. 开采区

2. 水文地质条件

矿区以发育地堑、地垒、掀斜断块等组合形式为构造特色,尤以断裂构造最为发育。区内寒武系、奥陶系灰岩中岩溶裂隙发育,地下水总体流向受构造控制。以峪河断裂为界,北边径流方向为南东—南西方向,南边为南东向。

地下水水质简单,二$_1$煤层上部的大占砂岩总体矿化度偏低,为HCO_3-Ca-Mg型,矿化度300~400mg/L。二$_1$煤层顶板砂岩(主要是大占砂岩和香炭砂岩)含水性弱,其单位涌水量为0.0061~0.07L/(s·m),渗透系数0.009~0.187m/d,水位标高75.08m。二$_1$煤层下部L_8灰岩平均厚8.44m,二者相距20~25m,裂隙溶洞发育含水性强,单位涌水量为0.00019~5.4L/(s·m),渗透系数0.0018~140m/d,水质为HCO_3-Ca-Mg型,矿化度320~420mg/L,水位为82.11m。

由于矿井多年的连续排水,古近系和新近系、第四系浅层水已基本被疏干,L_8等含水层的水位在大部分生产井已大大降低,导致奥陶系石灰岩已成该区大型水源中心,其水位高于L_8等含水层水位。焦作煤田几年来的开采实践显示,煤层段含水性弱,涌水量一般在6m³/min,最大涌水量8m³/min。煤层段与其他含水层之间的水力联系较差,因此伴随水流逸散的煤层气较少。

焦作矿区不仅是一个全国闻名的瓦斯突出矿区,还是一个以发育张性下陷断块为构造特色的大水矿区,独特的构造空间配置使得补给区与径流排泄区之间的水头差达千米以上。建矿以来,大小突水事故近千次。近100m³/min以上突水就达7次,目前全局矿井总涌水量为400~500m³/min,最高为589.92m³/min,富水系数达66.3m³/t。频繁的突气突水事故,不仅严重地威胁着矿井安全生产,而且已成为制约焦作矿区煤层气开发利用的重要障碍。

3. 开采技术条件

1)含气条件

焦作煤田位于河南太行山麓含煤区南部,全区发育典型的华北型石炭-二叠系煤系地层,该区的可采煤层分别是太原组的一$_2$煤层和山西组的二$_1$煤层。其中太原组的一$_2$煤层勘探程度较低,仅为少数煤矿开采,尚无含气性等气田资料。而矿区山西组主采二$_1$煤层普遍发育,厚度大且层位稳定,集中在3.00~7.00m,含气性极好,达10~38m³/t,埋深一般在250~750m,为煤层气开采的较佳深度(李宏欣,2012)。

2)渗透条件

区内煤层呈复杂结构,中部恩村井田二$_1$煤上部5.40m为块状煤,节理发育。

下部 2.15m 为粉状煤。粉状煤体质松性脆，揉搓现象严重，碎裂后断面光滑，伴生有大量摩擦镜面、擦痕及擦槽。根据曹代勇等（2002）提出构造煤变形序列划分方案应属碎裂–碎斑煤。该井田的 CQ_6 参数井以及 EC 试-1 试验井的注入/压降法测试结果，测得二$_1$煤层的渗透率为 $0.002\times10^{-3}\mu m^2$，煤的渗透性仍然较差。一般来说，焦作煤田的二$_1$煤既是生气层，又是储气层。近年来，煤层气的抽放试验工作卓有成效，中马村井田参数井的渗透试验，测得二$_1$煤层渗透率为 $0.001\times10^{-3}\mu m^2$，经水力压裂处理后，渗透率可达 $0.7616\times10^{-3}\mu m^2$。运用钻杆地层测试（DST）法，古汉山井田 4 口试验井测得二$_1$煤层的渗透率皆为低渗值（表 4-2）。

表 4-2　古汉山井田 4 口试验井渗透率（DST 法）

井号	古 1	古 2	古 3	古 4
煤层原始渗透率/$10^{-3}\mu m^2$	1.56	3.12～3.87	75.79～82.62	21.60

二$_1$煤顶板一般为粉砂岩、砂岩、部分为砂质泥岩，其上 5m 左右即为厚层砂岩（大占砂岩），煤层底板为厚层泥岩偶夹细砂岩薄层。二$_1$煤顶、底板岩性致密，透气性较差，封盖能力较强，对煤层气的扩散起到很好的封闭、阻隔作用。

煤层露头构成本区煤层气的浅部逸散边界，–100m 以上区域为瓦斯风化带。矿区煤层甲烷含量一般为 7.48～39.69mL/（g·daf），平均 18.36mL/（g·daf）。马坊泉断层以北，上盘煤层埋深 200～500m，甲烷含量为 10～30mL/（g·daf），该断层以南的下盘煤层，随着埋藏深度的增加甲烷含量也相应增加，增至 20～40mL/（g·daf）。可见边界断层也是控制煤层气保存条件的主要因素之一。

3）压裂条件

地面压裂就是借鉴地面油气井压裂工艺，在地面布置压裂孔，沿一定方向进行水力压裂，然后进行抽采。该工艺克服了"三软"低渗煤层单纯抽采效果差的缺陷，有效实现了煤矿"先抽后采""采煤采气一体化"的先进理念，尤其适用于不具备井下压裂条件的中小煤矿，为复杂井田连片整合及区域瓦斯抽采提供了技术保证。

注水压裂技术广泛应用于国内外工程领域特别是油气开采部门，是目前最主要的油气藏增产措施之一。长期以来，国内外从理论、实验和现场测试等方面开展了大量的研究，取得了丰硕的学术成果。随着岩石力学试验和计算机技术的迅猛发展，近年来众多学者对软煤的渗透机理与规律进行了深入探讨，数值模拟也逐渐成为分析水力压裂机理和进行水力压裂设计的有效途径。国外以 W. J. Sommerton 等为代表，研究了应力对煤体渗透性的影响；国内众多学者对低渗透条件下的渗流作用进行了进一步模拟研究。前人学术成就为建立"三软煤层压裂增透"相关数理模型奠定了雄厚的理论基础。

焦作矿区位村煤矿 2007 年进行了 GW 试-002 孔地面压裂，相应做了 181 工作面地下抽放的试验工作。从井下钻孔瓦斯抽放效果来看，1 号、19 号和 20 号钻孔终孔位置距压裂裂缝中心线较近，抽放浓度是 72 号、166 号（终孔位置距压裂裂缝中心线较远）的 2～3 倍，平均日抽放瓦斯纯量远大于 72 号、166 号（表 4-3），注水压裂的增透效果十分明显。

表 4-3 位村煤矿地面压裂后井下钻孔抽放效果对比

孔号	抽放负压 /kPa	孔位与压裂缝距离 /m	平均抽放 浓度/%	抽放时间 /d	抽放量 /m³	平均抽放量 /（m³/d）
1	20～30	118.8	80	61	1836	30.1
72	75～285	216.8	25	395	8196	20.75
19	14～27	79.6	75	480	25795	53.74
20	14～27	83.9	55	480	15425	32.14
166	112～270	179.3	18	690	6125	8.88

三、郑州矿区瓦斯地质背景

郑州矿区受滑动构造的影响，煤层被很多不规则小断层剪切、揉搓形成粉状煤。粉状煤体质松性脆，揉搓现象严重，碎裂后断面光滑，伴生有大量摩擦镜面、擦痕及擦槽。告成煤矿从 1999 年投产至今，历年瓦斯等级鉴定结果为：矿井绝对瓦斯涌出量 $11.84～24.51m^3/min$，相对瓦斯涌出量 $6.28～32.6m^3/t$。2004 年 2 月经煤炭科学研究总院重庆分院鉴定为煤与瓦斯突出矿井。首采 13 采区最大瓦斯压力 $P=0.68MPa$，21 采区在 $-160m$ 标高测得的瓦斯压力是 $1.1MPa$，煤层透气性系数为 $0.0053m^2/(MPa\cdot d)$，自然条件下释放半径为 $0.35m$，抽放半径为 $1m$，衰减系数 $\alpha=0.55d^{-1}$，瓦斯放散初速度 $\Delta p=12～17.43$，属低渗难抽煤层。

超化煤矿于 2003 年 7 月份开始建立地面瓦斯抽放系统，抽放流量在 70～$100m^3/min$，一般稳定在 $80m^3/min$；抽放瓦斯浓度在 4%～20%，一般稳定在 8%；抽放瓦斯纯流量平均为 $6.4m^3/min$；在配风量为 $1200m^3/min$ 情况下，工作面瓦斯浓度、上隅角瓦斯浓度和上副巷回风流瓦斯浓度分别可控制在 0.2%、0.6% 和 0.35% 以下。矿井瓦斯经过综合治理，不仅改善了采面的工作环境，并且消除了瓦斯超限现象，为我国东部伸展构造区的瓦斯地质灾害防治做出了示范。

第二节　构造煤起裂压力计算模型

九里山煤矿位于焦作煤田中部核心区段,单斜构造,产状平缓,倾向南东150°左右,倾角10°~16°。矿区断层发育,断距大于20m的共计5条,面密度为0.27条/km^2;总长达18830m,线密度为1012.39m/km^2。断层的另一个显著特征就是方向性强,一组为北东东向,主要有马坊泉断层;另一组为北西向倾向断层,主要有方庄断层和魏南断层。上述两组断层均属张扭性高角度正断层,构成矿区充水边界。

矿区水文地质条件极其复杂,底板突水风险较大。直接充水含水层L$_8$灰岩平均厚8.44m,上距二$_1$煤层为20~25m。1982年以来矿井总计突水24次,最大突水强度为3226m^3/h,其中底板石炭系L$_8$灰岩突水达19次,占总数的80%。

气源岩二$_1$煤层厚度集中在3.00~7.00m,含气性极好,达10~38m^3/t,埋深一般在250~750m,为煤层气开采的较佳深度。由于九里山井田的煤层气成藏条件良好,2008年被国家首选为煤层气抽采工艺及技术参数验证的试验区,为焦作煤田乃至河南省"三软"大水矿区的煤层气规模利用,提供可靠的示范作用。

一、射眼垂直井起裂压力

1. 煤层变形特征

试验区二$_1$煤层呈复杂结构,是我国典型的"三软"煤层。据毗邻恩村井田CQ$_6$参数井揭露,上部5.40m为块状煤,节理发育,坚固系数f为0.2~0.5;下部2.15m为粉状煤,坚固系数$f<0.12$。粉状煤体质松性脆,揉搓现象严重,碎裂后断面光滑,伴生有大量摩擦镜面、擦痕及擦槽。根据曹代勇等(2002)提出的构造煤变形序列划分方案,块状煤裂隙发育,应属Ⅰ-Ⅱ类构造软煤,即碎裂-碎斑煤;而粉状煤极其破碎,则属典型的Ⅳ类碎粒煤。

2. 模型推导

注水压裂技术就是借鉴地面油气井压裂工艺,一般在地面布置压裂孔,沿一定方向进行水力压裂,然后进行抽采的一种油气井增产、注水井增注的重要技术措施。该技术依靠水力能量憋压,将地层压开一条或多条水平或垂直裂缝,然后用支撑剂(砾石)支撑裂缝,形成高导流能力通道,从而达到增产增注目的。然而,九里山煤矿水文地质条件复杂,如果地面起裂压力过大,压裂缝穿过底板隔水层,则会触及L$_8$岩溶含水层甚至边界充水断层,从而引发地下水涌出、煤层气渗漏、地面沉降以及矿区诱发地震等地质灾害(图4-2)。

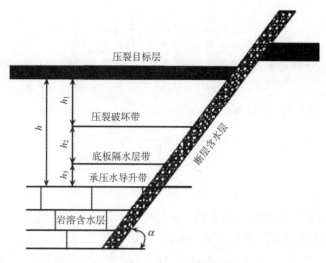

图 4-2 大水矿区压裂抽采地质环境示意图

因此，为了同时确保大水矿区的地下水环境，以及压裂改造作用后的煤层气产能，必须正确采用地面起裂压力这一关键施工参数。设地面井射孔内施加注水压力 p，由于煤体的抗拉强度远小于抗剪强度与抗压强度，所以往往最先在 θ 等于 90°方向，以及垂直方向发生拉张破坏。在实际压裂过程中，随着内水压力逐渐增加，利用应力叠加原理求解，可根据最大拉伸破坏强度准则，得出层状体系如下起裂条件（张琪，2006）：

若 $\sigma_v > \sigma_H > \sigma_h$ 或 $\sigma_H > \sigma_v > \sigma_h$，则有

$$P_{wf} = \frac{3\sigma_h - \sigma_H - 2P_r + [\sigma_t^h]}{2 - \beta\dfrac{1-2v}{1-v}} + P_r \qquad (4\text{-}1)$$

式中，P_{wf} 为起裂压力；σ_v 为垂直应力；σ_H 为最大水平主应力；σ_h 为最小水平主应力；P_r 为地层压力；$[\sigma_t^h]$ 为煤体水平抗拉强度；$[\sigma_t^z]$ 为煤体垂直抗拉强度；v 为煤层泊松比；β 为 Biot 系数。

若 $\sigma_H > \sigma_h > \sigma_v$，则有

$$P_{wf} = \frac{\sigma_v - P_r + [\sigma_t^z]}{1.94 - \beta\dfrac{1-2v}{1-v}} + P_r \qquad (4\text{-}2)$$

设构造稳定条件下，地下半空间无限体完全侧限，地层无任何缩短与伸长，则有

$$\varepsilon_x = \frac{\sigma_x}{E} - \mu\left(\frac{\sigma_z}{E} + \frac{\sigma_y}{E}\right) = 0 \qquad (4\text{-}3)$$

$$\varepsilon_y = \frac{\sigma_y}{E} - \mu\left(\frac{\sigma_z}{E} + \frac{\sigma_x}{E}\right) = 0 \tag{4-4}$$

式中，ε_x、ε_y 分别为 x、y 方向的应变；σ_x、σ_y 分别为 x、y 方向的水平应力；E 为弹性模量。

联立式（4-3）与式（4-4）得

$$\sigma_x = \sigma_y = \frac{\mu}{1-\mu}\sigma_z \tag{4-5}$$

$$\lambda = \frac{\sigma_x}{\sigma_z} = \frac{\sigma_y}{\sigma_z} = \frac{\mu}{1-\mu} \tag{4-6}$$

式中，λ 为构造单元体的侧压力系数；μ 为构造单元体的泊松比。

将式（4-6）代入式（4-1）、式（4-2）分别得

$$P_{\text{wf}} = \frac{2\lambda\sigma_{cz} - 2P_{\text{r}} + \left[\sigma_t^{\text{h}}\right]}{2 - \beta(1-\lambda)} + P_{\text{r}} \tag{4-7}$$

$$P_{\text{wf}} = \frac{\sigma_{cz} - P_{\text{r}} + \left[\sigma_t^z\right]}{1.94 - \beta(1-\lambda)} + P_{\text{r}} \tag{4-8}$$

由文献（张琪，2006）同理推得，设 σ_p 为裂缝起裂时的脉动注水强度，则动力条件下水平裂缝的形成条件：

$$\sigma_p = \frac{\sigma_z + \left[\sigma_t^z\right] - P_{\text{r}}\beta(1-\lambda)}{1 + m - \beta(1-\lambda)} \tag{4-9}$$

修正后为

$$\sigma_p = \frac{\sigma_z + \left[\sigma_t^z\right] - P_{\text{r}}\beta(1-\lambda)}{1.5 + m - \beta(1-\lambda)} \tag{4-10}$$

3. 模型分析

由储层起裂压力计算公式[式（4-7），式（4-8）]可知，岩体破裂的起始压力不仅取决于最大主应力，而且还与最小主应力有关，即取决于二者的组合形式。鉴于复杂结构煤层形成于一定的构造环境，不同构造单元中煤体结构明显不同，因而侧压力系数的取值应考虑矿区构造特征。挤压区煤层在水平方向呈缩短效应，一般形成糜棱煤，λ 值最大取 0.8～1.2；稳定区地层处自然侧限状态，被近似认为水平方向无任何变形，一般形成简单结构煤，根据煤体泊松比试验值，换算得 λ 为 0.3～0.5；伸展区即正断层发育区，地层在水平方向有伸长空间，故 λ 值最小，取 0.2～0.3，一般赋存碎裂煤。由起裂压力计算模型式（4-7）～式（4-10），计算时储层压力梯度取 5kPa/m，地层储层压力 P_{r}=4.14MPa，地应力梯度取

2.45MPa/100m,煤体抗张强度取 0.8MPa,泊松比取 0.31,Biot 系数取 1(李宏欣,2012)。从而得到不同构造单元、不同类型软煤的垂直井起裂压力值随埋深的关系(图 4-3)。

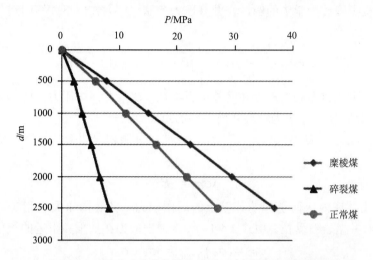

图 4-3 射眼垂直井的煤体起裂压力值与埋深关系

深入分析计算模型,"三软"煤层的起裂压力除了与埋深有关外,还主要与本身的力学性能及煤体结构有关。可以说,煤体结构在复杂矿区有着极其重要的研究意义,构造煤尤其是糜棱煤是一种具有丰富地质信息的天然气载体,对各种力学环境具有独特的力学响应。位于同一深度的煤层,结构致密的糜棱煤更容易塑造水平裂缝,且起裂压力要大于正常煤,更大于碎裂煤(表 4-4)。

表 4-4 垂直井的煤体起裂压力值

埋深/m	软煤结构侧压力系数 λ							
	糜棱煤 λ=0.8～1.2 (水平缝)		碎裂煤 λ=0.2～0.3 (垂直缝)				正常煤 λ=0.3～0.5 (垂直缝)	
	静压破坏	脉动水压	静压破坏		脉动水压		静压破坏	脉动水压
	0.8	0.8	0.2	0.3	0.2	0.3	0.5	0.5
500	7.83	5.73	2.08	3.34	1.47	2.35	5.86	4.13
1000	15.08	10.68	3.60	6.12	2.54	4.31	11.16	7.86
1500	22.33	15.64	5.12	8.90	4.01	6.27	16.46	11.59
2000	29.58	20.59	6.64	11.68	4.68	8.26	21.76	15.32
2500	36.83	25.54	8.16	14.46	5.74	10.18	27.06	19.06

二、射眼水平井起裂压力

受射眼垂直井起裂压力计算公式启发,可进一步推导水平井射眼的起裂压力公式。根据弹性力学中的解,在井底压力和储层压力作用下井筒附近任意处的周向应力 $\Delta\sigma_{\theta 1}$ 为

$$\Delta\sigma_{\theta 1} = \frac{r_{\mathrm{w}}^2}{r_{\mathrm{e}}^2 - r_{\mathrm{w}}^2}(1 + \frac{r_{\mathrm{e}}^2}{r^2})P_i - \frac{r_{\mathrm{e}}^2}{r_{\mathrm{e}}^2 - r_{\mathrm{w}}^2}(1 + \frac{r_{\mathrm{w}}^2}{r^2})P_r \tag{4-11}$$

式中, r_{w} 为井筒内半径; r_{e} 为井筒外边界半径; P_i 为井筒内压力; P_r 为井筒外边界压力,即储层压力; r 为距离井筒中心的距离。

井壁上空隙压力 $P_r=0$ 、 $r=r_{\mathrm{w}}$,当 $r_{\mathrm{e}}=\infty$ 时,井眼内压引起的井壁上的周向应力为

$$\Delta\sigma_{\theta 1} = -P_i \tag{4-12}$$

可见由井底内压而引起的井壁上的周向应力与井底内压大小相等,符号相反,即引起井壁岩石受拉。由式(4-11),求得地应力在抽采井附近的极值应力为

$$\sigma_{\theta 2} = \left(\sigma_\theta\right)_{0°,180°} = 3\sigma_{\mathrm{v}} - \sigma_{\mathrm{h}}$$
$$\sigma_{\theta 1} = \left(\sigma_\theta\right)_{90°,270°} = 3\sigma_{\mathrm{h}} - \sigma_{\mathrm{v}} \tag{4-13}$$

而井壁上由井眼内孔隙压力 P_i 引起的切向应力 $\Delta\sigma_{\theta 1}$ 为

$$\Delta\sigma_{\theta 1} = \frac{P_r r_{\mathrm{e}}^2 - P_i r_{\mathrm{w}}^2}{r_{\mathrm{e}}^2 - r_{\mathrm{w}}^2} + \frac{(P_r - P_i)\ r_{\mathrm{w}}^2 r_{\mathrm{e}}^2}{r^2(r_{\mathrm{e}}^2 - r_{\mathrm{w}}^2)} \tag{4-14}$$

由井筒内压而导致的切向应力与内压大小相等,方向相反。当影响范围 $r_{\mathrm{e}}=\infty$ 、孔隙压力 $P_r=0$,以及半径 r 等于井筒半径 r_{w} 时,井眼内压引起的井壁上的切向应力为

$$\Delta\sigma_{\theta 1} = -P_i \tag{4-15}$$

设压裂液渗入井筒周围地层引起地层中的切向应力增量为 $\Delta\sigma_{\theta 2}$,则

$$\Delta\sigma_{\theta 2} = \left(P_i - P_r\right)\beta\frac{1 - 2\nu}{1 - \nu} \tag{4-16}$$

若形成垂直于最小水平主应力的垂直缝,则水平向有效应力之和 $\overline{\sigma_{\theta 1\,\mathrm{zt}}}$ 应满足:

$$\overline{\sigma_{\theta 1\,\mathrm{zt}}} + \left[\sigma_{\mathrm{t}}^{\mathrm{h}}\right] \leqslant 0 \tag{4-17}$$

水平向有效应力之和 $\overline{\sigma_{\theta 1\,\mathrm{zt}}}$ 为

$$\overline{\sigma_{\theta 1\,\mathrm{zt}}} = \sigma_{\theta 1} - P_i + \left(P_i - P_r\right)\beta\frac{1 - 2\nu}{1 - \nu} - P_i \tag{4-18}$$

将式（4-18）代入式（4-17），满足等号成立时的 P_i 即为起裂压力

$$P_{\mathrm{wf1}} = \frac{3\sigma_{\mathrm{h}} - \sigma_{\mathrm{v}} + \left[\sigma_{\mathrm{t}}^{\mathrm{h}}\right] - \beta P_{\mathrm{r}} \dfrac{1-2v}{1-v}}{2 - \beta \dfrac{1-2v}{1-v}} \tag{4-19}$$

若形成垂直于井筒方向的裂缝时，则

$$P_{\mathrm{wf2}} = \frac{\sigma_{\mathrm{H}} + \left[\sigma_{\mathrm{t}}^{\mathrm{h}}\right] - \beta P_{\mathrm{r}} \dfrac{1-2v}{1-v}}{1 - \beta \dfrac{1-2v}{1-v}} \tag{4-20}$$

若形成垂直于垂向应力方向的水平裂缝时，则

$$P_{\mathrm{wf3}} = \frac{3\sigma_{\mathrm{v}} - \sigma_{\mathrm{h}} + \left[\sigma_{\mathrm{t}}^{\mathrm{v}}\right] - \beta P_{\mathrm{r}} \dfrac{1-2v}{1-v}}{2 - \beta \dfrac{1-2v}{1-v}} \tag{4-21}$$

同理，由式（4-6）代入得

$$P_{\mathrm{wf3}} = \frac{3\sigma_{\mathrm{v}} - \sigma_{\mathrm{h}} + \left[\sigma_{\mathrm{t}}^{\mathrm{v}}\right] - \beta P_{\mathrm{r}}(1-\lambda)}{2 - \beta(1-\lambda)} \tag{4-22}$$

所以，起裂压力的最终值取为

$$P_{\mathrm{wf}} = \min\left[P_{\mathrm{wf1}}; P_{\mathrm{wf2}}; P_{\mathrm{wf3}}\right] \tag{4-23}$$

式中，$\left[\sigma_{\mathrm{t}}^{\mathrm{h}}\right]$ 和 $\left[\sigma_{\mathrm{t}}^{\mathrm{v}}\right]$ 分别为岩石水平向和竖向抗拉强度。同理当井筒沿最小主应力方向时，只需将上述式子中的 σ_{h} 和 σ_{H} 互换。针对不同构造单元的地质条件，不同类型构造煤水平井的起裂压力值与煤层埋深关系如图4-4。

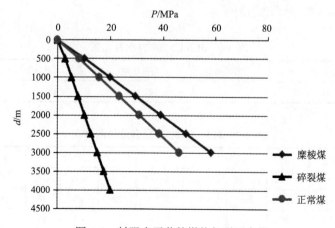

图4-4　射眼水平井的煤体起裂压力值

　　总体来看，水平井曲线总体变化趋势与垂直井大致相同，起裂压力随煤层埋深的增加而增加；煤体结构越复杂，相应的起裂压力就越大。但由于水平井的水头损失要远远大于垂直井，所以相同地质条件与相同力学环境下，水平井的起裂压力理论上要大于垂直井（表4-5）。

表 4-5　水平井的煤体起裂压力值

埋深/m	裸眼水平井						
	挤压区 λ=0.8~1.2（水平缝）	伸展区 λ=0.2~0.3（垂直缝）				稳定区 λ=0.3~0.5（垂直缝）	
	静压破坏/MPa	静压破坏/MPa		脉动水压/MPa		静压破坏/MPa	脉动水压/MPa
		0.2	0.3	0.2	0.3	0.5	0.5
500	10.21	2.99	4.71	2.11	3.31	8.14	5.73
1000	19.83	5.42	8.85	3.82	6.23	15.71	11.06
1500	29.45	7.85	13.00	5.53	9.15	23.29	16.40
2000	39.08	10.28	17.14	7.24	12.07	30.86	21.73
2500	48.70	12.71	21.29	8.96	15.00	38.44	27.07

三、实例应用

　　2009 年 1 月至 5 月，焦作矿区九里山煤矿在试验井田范围内共布置 8 个地面压裂试验钻孔，分别为 JLS 试-002、JLS-试 006、JLS-试 007、JLS-试 008、JLS-试 10、JLS-试 11、JLS-试 14 与 JLS-试 16，均采用相同的地面垂直井压裂抽采工艺。以 JLS 试-002 为例（表4-6、表4-7），该井煤层埋深为 403.02~408.64m，厚 5.62m，无夹矸不取心，测井资料得知固定碳含量为 68.36%，灰分为 15.37%，煤质较好；施工压力为 7.2~11.8MPa，破裂压力为 11.8MPa，停泵压力为 6.4MPa，测压降 60min 后压力为 5.2MPa。

表 4-6　JLS 试-002 井射孔布置

号	射孔井段/m	厚度/m	射孔枪型	孔密/（孔/m）	孔数/孔
二₁	403~407	4	102 枪弹	16	64

表 4-7　JLS 试-002 井压裂液使用情况

项目	施工排量/（m³/min）	压裂液/m³				石英砂/m³			平均砂比/%	加砂率/%
		前置液	携砂液	替置液	总量	中砂	粗砂	总量		
设计	7.0~8.0	180	209	4.9	393.9	20	20	40	18.0	100
施工	7.6~7.8	180	196	5.2	381.9	20	20	40	17.8	

根据垂直井起裂压力计算公式和矿区构造特征,求得九里山井田各试验井的 P_{wf} 值为 4.21~9.96MPa。由于 JLS 试-002 地面井起裂压力的理论值与实际值比较接近(表 4-8),故压裂效果较为理想,施工三个月后日均产水量只有 0.726m³,累计产水量也只有 295.73m³;而日均产气量则达 296.45m³,累计产气量达 92405.81m³。考虑到"三软"煤层具有软顶、软底和软煤组合体系以及三者厚度都不大的特点,且天然状态下赋存一定数量的裂缝,故计算所得的起裂压力值都要偏大一些。

综合分析九里山井田其余试验井的实际破裂压力,一般都在理论计算值的 2~3 倍,这在大水矿区是比较冒险的。JLS-试 006、JLS-试 007、JLS-试 008、JLS-试 10、JLS-试 11、JLS-试 14 与 JLS-试 16 试验井产能结果充分印证了这一点,由于初始破裂压力过大,压裂缝贯通含水层导致抽采井出水量很大,但实际煤层气的产能几乎都接近零(表 4-8)。

表 4-8 焦作九里山矿区压裂值与煤层气产能关系

试验钻孔	起裂压力/MPa		日均产水量/m³	日均产气量/m³	月均产水量/m³	月均产气量/m³	累计产水量/m³	累计产气量/m³
	计算值	实测值						
JLS 试-002	9.96	11.8	0.726	296.45	21.790	8893.99	295.73	92405.81
JLS 试-006	4.21	10.3	12.583	0.000	377.480	0.000	4352.409	0.000
JLS 试-007	4.71	11.5	10.733	0.000	321.979	0.000	5953.700	2.856
JLS 试-008	6.39	13.5	1.850	0.000	55.500	0.000	1029.572	30.906
JLS 试-010	6.82	16.3	42.824	0.000	1284.727	0.000	9775.962	6.001
JLS 试-011	6.46	15.8	1.313	0.000	39.404	0.000	552.012	1850.140
JLS 试-014	6.57	13.1	46.041	0.000	1381.235	0.000	10867.136	0.000
JLS 试-016	4.08	12.9	43.937	1.658	1318.112	49.734	11595.030	149.274

九里山井田试验井的单井产能悬殊如此之大,究其原因就是矿井复杂的水文地质条件。压裂层下伏 L_8 灰岩含水极不均匀,正常情况下水量有限,一般为 10~30m³/h,但有其他强含水层补给时,则可发生大流量涌水事故。井田绝大部分试验井的后期排采产水量印证了该推测,如 JLS 试-014 与 JLS 试-016 三个月累计抽水量都在万立方米以上(表 4-8)。强烈的地下水径流作用,使原先游离于储层空隙中的煤层气逸散殆尽,孔隙水压也使得大量吸附于裂隙中的煤层气难以解析,因而无法形成长期稳定的单井规模产量,这应该是九里山井田首次压裂试验绝大部分抽采井产能效果不佳的主要原因。

由此可见,不同地质条件应采用不同的压裂施工工艺,选择正确的起裂压力参数,这是保证地面抽采井产能的唯一有效途径。无论是垂直井还是水平井,起裂压力除了与储层本身的力学性能有关外，还主要与埋深及煤体结构有关。复杂水文地质条件下，尤其在构造复杂块段特别是底板断层发育地带，若不采取相应措施适当减小起裂压力，则难以保持良好的压裂抽采效果。如 JLS 试-016 试验井后期排水量达 11595.03m³，但煤层气的产能几乎为零。

第三节 碎裂煤渗透计算模型

一、压裂模型

1. 模型假设

煤层气井水力压裂一般经过"测试压裂—前置液造缝—携砂液撑缝—替置液顶替—停泵测压降"等 5 个关键过程。实时监测水力压裂施工各阶段施工排量、施工压力变化情况，可在一定程度上反映煤层主裂缝的起裂扩展。鉴于焦作矿区的构造煤主要以 Ⅰ-Ⅱ类碎裂煤形式出现，强度相对较低且容易压裂，故模型（图4-5）的建立基于以下假设：①"三软"煤层在空间上为层状组合体系，压裂施工过程中，可认为裂缝仅局限在碎裂煤层中扩展，而不穿透碎粉煤及顶底板；②碎裂煤在整个压裂过程中都表现为线弹性应变，且水平切面为平面应变，裂缝产生后水平切面可简化为椭圆形，垂直剖面皆可视为矩形；③垂直于长度方向上椭圆断面内的流体压力为常数，且在每一断面上的最大宽度与裂缝内的净压力线性相关；④裂缝端部的流体压力为裂缝闭合压力；⑤裂缝长度上的压力降取决于椭圆形裂缝内的流动阻力；⑥碎裂煤天然裂隙、割理发育，压裂液滤失严重。故压裂液的滤失按经典滤失模型考虑。

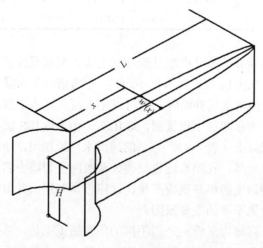

图 4-5 "三软"煤层裂缝扩展地质模型

2. 模型推导

在水力压裂施工过程中，前置液和携砂液主要用于造缝和撑缝，"三软"煤层尤其是碎裂煤层中，压裂液的体积分为两部分：滤失掉的体积和留在裂缝中的体积。

$$Q(t) = Q_L(t) + Q_F(t) \tag{4-24}$$

式中，$Q(t)$为 t 时刻注入的压裂液体积，m^3；$Q_L(t)$为 t 时刻滤失到地层中的压裂液体积，m^3；$Q_F(t)$为 t 时刻留在裂缝中的压裂液体积，即裂缝容积，m^3。裂缝内压裂液体积，即裂缝容积：

$$Q_F(t) = 2\int_0^L H \times w(x)\mathrm{d}x \tag{4-25}$$

式中，H 为裂缝高度，m；$w(x)$为裂缝延伸方向上 x 处的裂缝宽度，m。

根据模型假设③，结合参考文献（俞绍诚，2010），裂缝在每一断面上的宽度与裂缝内的净压力的关系为

$$w(x,t) = \frac{(1-2v)H}{G}P \tag{4-26}$$

式中，$w(x,t)$为 t 时刻裂缝延伸方向上 x 处的裂缝宽度，m；v 为煤岩泊松比，无量纲；G 为煤岩剪切模量，Pa；P 为裂缝断面处的净压力，Pa。

根据模型假设⑤和参考文献（张琪，2006）得出，单一裂缝内的摩阻压力降公式为

$$\Delta P = (0.167) \times (80.85)^n LK \frac{q^n(x)}{H^n} w^{-2n-1} \tag{4-27}$$

式中，ΔP 为裂缝延伸方向单位长度上的压力改变量，Pa/m；L 为裂缝单翼长度，m；n 为压裂液流态指数，无量纲；K 为压裂液的稠度系数，$mPa·s^n$；$q(x)$为单翼裂缝长度方向上 x 处的流量，m^3/min。

$$q(x) = q \times \left[1 - \frac{2}{\pi}\sin(\frac{X}{L})\right]$$

式中，q 为施工排量，m^3/min。在一定范围内进行线性拟合，可得裂缝内 x 的流量与施工排量的近似线性关系为

$$q(x) = q \times \left(0.9795 - 0.54\frac{X}{L}\right) \tag{4-28}$$

将式（4-26）对 x 求一阶偏导得

$$\frac{\partial w}{\partial_x} = \frac{(1-2v)H}{G}\frac{\partial P}{\partial_x}$$

$$\frac{\partial P}{\partial_x} = -\Delta P \tag{4-29}$$

根据式（4-27）、式（4-28）、式（4-29），结合边界条件 $x=L$ 时 $w=0$，可得裂缝延伸方向 x 处的宽度为

$$w(x) = 0.735 \times \sqrt[2n+2]{\frac{0.62(1-2v)}{G} \times (80.85)^n \ H^{1-n} K q^n L^2 (1-\frac{x}{L})^{n+1}} \tag{4-30}$$

将式（4-30）代入式（4-25）求得

$$Q_F(t) = 0.735 H \times \sqrt[2n+2]{\frac{0.62(1-2v)}{G} H^{1-n} \times (80.85)^n \ K L^2 q^n} \times \int_0^L \sqrt{1-\frac{x}{L}} d(X) \tag{4-31}$$

令

$$m = 0.49 \times H^{\frac{n+3}{2n+2}} \times \sqrt[2n+2]{\frac{0.62(1-2v)}{G} \times (80.85)^n \ K q^n} \tag{4-32}$$

式（4-31）可简化为

$$Q_F(t) = mL^{\frac{n+2}{n+1}} \tag{4-33}$$

根据文献（张小东等，2013）压裂液滤失量可由下式计算：

$$Q_L(t) \approx 8CHL\sqrt{t} \tag{4-34}$$

式中，C 为压裂液滤失系数，m/min$^{0.5}$；t 为压裂时间，min。

将式（4-33）、式（4-34）代入式（4-24）得

$$mL^{\frac{n+2}{n+1}} + 8CH\sqrt{t}L = qt \tag{4-35}$$

二、渗透模型

1. 模型推导

相对于"三软"煤层中的裂隙而言，煤基质孔隙渗透率极低。也就是说，水力压裂后的煤储层渗透率，基本可以忽略基质孔隙的影响。考虑到水力压裂后裂缝内的砂浓度与平均砂比、裂缝宽度、注入时间和携砂液滤失系数等因素有关，若支撑剂按全悬浮考虑，则由文献（杨兴东，2013）裂缝内砂浓度与平均砂比的关系为

$$S_c = S_0 \left(1 + \frac{2C\sqrt{t}}{w}\right) \tag{4-36}$$

式中，S_c 为裂缝内砂比，无量纲；S_0 为地面平均砂比，无量纲；t 为压裂液滤失时间，min；压裂支撑后单裂缝储层的裂缝空隙度 φ_f 为

$$\varphi_f = \frac{2w}{\pi L}(1 - S_c) \tag{4-37}$$

根据文献（张琪，2006）单一储层裂缝的渗透率与裂缝孔隙度的关系为

$$k = 8.33 \times 10^6 w^2 \times \varphi_f \tag{4-38}$$

式中，k 为裂缝渗透率，μm^2。

将 φ_f 和 w 代入式（4-38）得"三软"煤层压裂后的渗透系数计算模型：

$$k = 0.62 \times 10^6 \times \left[\frac{0.62(1-2\nu)}{G} \times (80.85)^n \ H^{1-n} K q^n \right]^{\frac{3}{2n+2}} \times L^{\frac{2-n}{1+n}} \times (1 - S_c) \tag{4-39}$$

2. 模型验证

1）煤层的物性特征

试验区焦作煤田为我国著名的"三软"大水矿区，含煤地层为石炭系上统太原组、二叠系下统山西组和下石盒子组、二叠系上统上石盒子组。山西组二₁煤普遍发育，埋深 155～800m，为矿区主要可采煤层，层位稳定，碎裂-碎粉结构。煤层顶底板多为致密的泥岩、砂质泥岩，渗透率为 0.025～0.048μm^2，渗透性差，隔水隔气效果好，适合煤层气的储集。区域内煤层气含量为 10～35m^3/t，西北部较低，向东南深部含气量增高。储层原始渗透率极小，根据恩村井田 EC 试-1 试验井的注入/压降法测试结果，测得二₁煤层的原始渗透率为 0.002×10⁻³μm^2，储层压力约为 4.14MPa，弹性模量平均为 2500MPa，泊松比平均为 0.31。

2）注水压裂施工

2007 年矿区开始进行煤层气抽采试验，并获得区域内典型压裂试验井的施工参数（表 4-9）。从表 4-9 中可以看出压裂施工区域内煤层厚度在 4.32～8.10m，平均厚度为 6.13m，单一碎裂结构。煤层气井在压裂过程中采用活性水压裂液、石英砂作支撑剂。施工排量控制在 5.8～8.7m^3/min，破裂压力在 10.3～16.3MPa，平均破裂压力梯度为 2.12MPa/100m。60min 后测压力降，不同煤层气井有较大差异，最大为 5.2MPa，最小为 0.5MPa，这在一定程度上反映了煤层气井的物性特征和压裂效果。

由于顶底板强度明显高于煤层强度，裂缝高度应取为煤层厚度。基于本书建立的煤层气井水力压裂的裂缝扩展数学模型，对区内 8 口采用常规水力压裂施工工艺的煤层气井的裂缝长度和宽度进行了计算，压裂液采用活性水压裂液，压裂液流态指数 n 取 1，滤失系数为 $C=8.3 \times 10^{-3} m/min^{0.5}$，稠度系数为 $K=0.001 Pa \times s^n$

表 4-9 焦作矿区压裂试验井施工参数表

施工参数	试验井号							
	JLS 试-002	JLS 试-016	GW 试-002	GW 试-008	EC 试-007	EC 试-008	EC 试-011	EC 试-015
煤层厚度/m	5.62	6.03	5.16	6.00	6.42	6.30	7.05	4.32
煤层顶板埋深/m	403.02	517.11	530.20	580.90	752.45	796.18	758.80	771.50
压裂液类型	活性水	活性水	活性水	活性水	活性水	活性水	活性水	活性水
支撑剂类型	石英砂	石英砂	石英砂	石英砂	石英砂	石英砂	石英砂	石英砂
施工排量/(m³/min)	7.6~7.8	7.3~8.4	5.8~8.6	7.4~8.5	6.9~8.2	6.5~8.0	7.5~8.4	7.7~8.7
前置液/m³	180	250	200	220	220	200	200	220
携砂液/m³	196	251	198	265	229	235	223	213
地面砂比	17.8	13.9	18.2	18.0	17.9	17.0	16.0	16.7
压裂液总量/m³	381.9	506.6	403.4	491.5	454.8	442.0	428.8	438.7
时间/min	40	40	50	45	40	50	38	41
破裂压力/MPa	11.8	12.9	10.3	11.5	13.5	16.3	15.8	13.1
停泵压力/MPa	6.4	6.8	6.6	9.3	7.2	16.2	6.4	10.3
测压降60min后压力/MPa	5.2	4.4	0.5	3.8	3.4	4.3	1.5	0.5

表 4-10 煤层气井压裂裂缝几何参数

参数	井号							
	JLS 试-002	JLS 试-016	GW 试-002	GW 试-008	EC 试-007	EC 试-008	EC 试-011	EC 试-015
最大裂缝宽度/mm	26.59	28.20	27.58	27.52	25.98	25.10	24.83	32.78
裂缝长度/m	94.55	105.36	105.23	99.73	91.20	86.87	81.15	139.23
平均裂缝宽度/mm	17.73	18.80	18.39	18.37	17.32	16.73	16.55	21.85

（张高群等，2013；宋佳等，2013），结合表 4-9 中施工参数，根据式（4-32）首先计算参数 m，再由式（4-35）迭代求得裂缝延伸长度 L，再根据式（4-30）计算裂缝宽度 w，平均裂缝宽度为最大裂缝宽度（$x=0$）的 2/3。计算结果如表 4-10 所示。

2007 年 9 月 26 日，河南中裕煤层气开发利用有限公司，在焦作矿区位村井田内共布置 6 个地面钻孔进行定向注水压裂试验，该区以北东向高角度正断层为主，其次为北西向高角度正断层，且都为矿井边界充水断层。GW 试-002 孔位于矿井 181 工作面区域内，构造较为发育，为了避免试验孔受周围断层的影响，设计定向注水方位为 NE60°，起裂压力为 10MPa，注水压裂时间大约为 2h，压裂后裂缝半长控制在 150～200m。

压裂施工结束后，使用微地震仪对压裂缝进行实地测试验证，结果表明 GW 试-002 孔压裂缝的方位呈 NE71.5°，东翼缝长为 82.4m，西翼缝长为 109.5m，压裂后的采区渗流场仍能控制在充水边界断层之间，初步验证了"三软"煤层注水压裂缝扩展模型的正确性。

3）渗透率反演

由于区内仅 GW 试-002 孔具有裂缝长度实测数据，尤其缺乏同样影响储层渗透率的诸如缝宽、缝高等数据，进而难以精确判断模型的正确性。因此，可以根据单井日产气量与渗透率的关系式，反演渗透率并与模型计算结果进行比较，以此来进一步评价模型的正确性。

众所周知，煤层气地面井一般需要通过压裂目标层，从而达到改善储层渗透率与提高产能的目的。压裂后煤储层的孔裂隙中含有大量的水，经抽水降压形成一个以井筒为中心的压降漏斗。当压力降低到临界解析压力以下时，煤基质表面的吸附甲烷开始解吸，从吸附态转变为游离态，并通过内部微空隙扩散到煤层的孔裂隙中，孔裂隙中的流动变成了气-水两相流，最终通过主裂缝以渗流的方式进入井筒。煤储层中的流体运移可以看作是层流动，符合达西渗流规律。基于以上原理，假设均质、圆形、等厚地层中心有一口完善井以定产量生产，边界上有充足的气源供给，供给边界半径 r_e，边界压力 p_e，井半径 r_w，井底压力 p_w，气层厚度为 h。根据煤层气的平面径向达西稳定渗流产出模型（张建国等，2010），煤层气地面产量与渗透率的关系如下式：

$$Q = \frac{Z_{sc}T_{sc}}{p_{sc}\overline{Z}T} \frac{\pi kh(p_e^2 - p_w^2)}{\overline{\mu}\ln(r_e / r_w)} \tag{4-40}$$

式中，Z_{sc} 为标准状况下的气体压缩系数；T_{sc} 为标准状况下的热力学温度，K；p_{sc} 为标准状况下的大气压，MPa；p_e 为外边界压力，MPa；p_w 为井底压力，MPa；k

为气层渗透率，μm^2；h 为气层厚度，m；r_e 为排泄半径，m；r_w 为气井半径，m；Z 为气体压缩系数，无量纲；$\overline{\mu}$ 为流体黏度，mPa·s。

根据后期排采结果，得到单井平均日产气量，由式（4-40）反演得到煤储层渗透率。其中 Z_{sc} 取 1；T_{sc} 取 293.15K；p_{sc} 取 101.325kPa；外边界压力取储层原始压力 4.14MPa；产气层厚度 h 取为煤层厚度；排泄半径 r_e 取压裂半径；气井半径 r_w 取为 140mm；天然气黏度 $\overline{\mu}$ 取为 101.255×10^{-3} mPa·s；储层温度下气体压缩系数 Z 根据井底压力和温度对照天然气压缩系数表取值。同时根据式（4-39）可以求得压裂模型预测的渗透率、反演渗透率和模型渗透率及部分计算参数如表 4-11 所示。

由式（4-40）反演计算求得各试验井的渗透率，并与渗透计算模型所得的渗透率进行对比。可以看出，虽然各试验井的产气能力大小不一，最高达到 512.00m³/d，最小的仅有 85.29m³/d，这在一定程度上反映了不同地质条件下水力压裂的不同效果。由于施工工艺问题，除 JLS 试-016 井和 EC 试-015 井的预测值与反演结果差别较大外，其他各井计算值与反演结果均比较接近（表 4-11）。

表 4-11　煤层气井排采及反演渗透率结果

井号	平均日产气量/m³	井底压力/MPa	盖层岩性	反演渗透率/mD	模型渗透率/mD
JLS 试-002	295.65	0.14	砂质泥岩	21.67	28.97
JLS 试-016	85.29	0.32	砂质泥岩	5.95	86.61
GW 试-002	512.00	0.41	砂质泥岩	35.54	39.83
GW 试-008	196.76	0.35	砂质泥岩	13.74	18.59
EC 试-007	100.59	0.49	砂质泥岩	7.39	9.21
EC 试-008	180.91	0.53	砂质泥岩	12.74	15.48
EC 试-011	507.54	0.65	砂质泥岩	37.23	35.55
EC 试-015	160.74	1.44	砂质泥岩	13.59	18.82

4）试验分析

为了查明二井计算值与验证值差别大的原因，首先分析 JLS 试-016 典型压裂施工综合曲线（图 4-6），从图 4-6 中可以看出，破裂压力为 12.9MPa，压裂线型后期压力下降，说明压裂 40min 后进入软煤，总体效果一般，1h 压力降为 2.2MPa，表明该井后期排水能力一般，排采也印证了该事实。其次，携砂液平均砂比较低，裂缝不能够得到很好的支撑，压裂后压降较快，裂缝很快闭合。

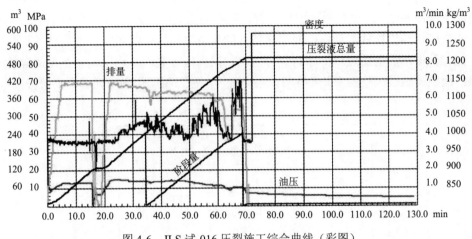

图 4-6 JLS 试-016 压裂施工综合曲线（彩图）

EC 试-015 井渗透率反演值与计算值差别也比较大，原因是煤层厚度较薄，施工排量较大，当压力达到破裂后，裂缝迅速扩展延伸，预测裂缝形式为长宽型裂缝。根据压裂监测结果，压裂后期压力传导受阻，压力曲线一直上升，说明压力一直在作用某个裂隙直到压裂结束也未完成，并且沟通了临近含水层，后期较大的排采产水量也印证了该预测，三个月累计产水量达 8352.734m³。其次该井破裂压力较大，且在施工过程中一直保持较大的施工压力，引起煤体结构破坏，从而造成实际渗透率远小于模型计算值。

第四节　碎粉煤压裂参数数值分析

豫西郑州矿区位于郑州市西南部，发育典型的华北型石炭-二叠系煤系地层，主要煤系有上石炭统太原群、下二叠统山西组和上二叠统上石盒子组。以掀斜断块为主要标志的伸展构造和沿盖层中软弱层位发育的重力滑动构造，是河南省煤田尤其是豫西煤田内最富特色的构造现象（李万程，1979；马杏垣，1981；王昌贤、曹代勇，1989；曹代勇，1990），两者与早期形成的宽缓褶皱一起构成矿区盖层的构造骨架。

一、气源岩变形特征

1. 宏观变形特征

告成煤矿位于郑州矿区西南部，发育典型的华北型石炭-二叠系煤系地层，主要煤系有上石炭统太原群、下二叠统山西组和上二叠统上石盒子组。构造位置处登封芦店滑动构造西段南部的内弧内侧。根据矿区勘探资料，豫西芦店滑动构造的主滑脱面沿二₁煤及附近层位发育，钻孔揭露为一平均厚40m的碎裂岩带，岩心破碎，结构松软，形成豫西地区特有的构造岩顶板（图4-7）。根据曹代勇等（2002）提出的构造煤变形序列划分方案，研究区主采二₁煤层属于典型的碎粉煤；而镜质组最大反射率均小于3%这一事实，也表明煤化程度处于中高阶段。

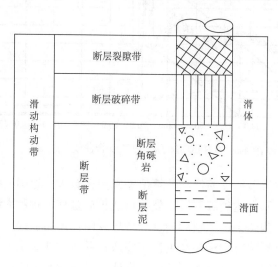

图4-7　滑动构造带垂向结构示意图

　　矿区煤岩实测数据显示，碎粉煤强度低，透气性差，瓦斯压力大；因而煤层本身含气量大，含气质量好（表4-12）。按构造单元进一步探讨气源岩二₁煤的煤阶背景参数，不难发现滑动构造挤压带的煤样镜质组最大反射率（$R_{o,max}$）具有最小的标准差，一般介于1.94%～2.95%之间，平均为2.38%，为本区最高值；顺层剪切带煤样的镜质组最大反射率（$R_{o,max}$）最小，介于1.75%～2.24%之间，平均为2.05%；拉张区煤样的镜质组最大反射率数据离散性较大，镜质组最大反射率$R_{o,max}$介于1.78%～2.91%之间，平均为2.31%，构成豫西煤田烃源岩煤阶的区域背景值，煤化因素相对复杂。

表4-12　构造煤与原生结构煤的煤岩地质参数

构造位置	煤层	结构类型	坚固系数 f	透气性系数 λ/(m³/MPa·d)	瓦斯放散初速度 Δp	瓦斯含量 /（m³/t）	瓦斯压力 /MPa
芦店滑动构造	二₁	原生煤	>0.2	0.0642	<15	<8	<0.5
	二₁	构造煤	<0.12	0.0053	>20	>10	>0.68

2. 微观变形特征

煤层既是生气层，又是储气层。煤储层的空隙发育特征是评价煤层气运移条件的基本内容。空隙的性质、大小以及空间分布状况直接影响到煤的渗透率。煤中发育有孔隙（matrix pore）和裂隙（fractural pore）两种类型的影响瓦斯运动特征的空隙。前者是煤中的微空隙，主要影响瓦斯的赋存、解吸和扩散；后者主要影响瓦斯的渗透和运移。通过光学显微镜观测，本区共出现剪、拉两类完全不同性质的煤岩裂隙。

图 4-8（a）为典型的 II 类格里菲斯裂隙，椭圆形定向分布，大多已挠曲变形，灰色为黏土充填部分；图 4-8（b）采自河南登封告成山西组二₁煤，为典型的 "x" 剪切裂隙；图 4-8（c）采自河南登封告成山西组二₁煤，多组剪切裂隙形成的构造透镜体，AB 面已无方向指示性；图 4-8（d）采自河南登封告成煤矿山西组二₁煤，构造杆状体，典型脆性拉张变形产物，空隙较为发育。上述软煤所发育的微观裂隙构成了煤层气在压力作用下的主要运移通道。

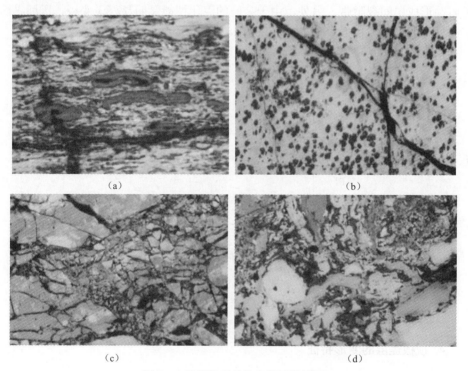

图 4-8 软煤微观结构光学显微镜图

3. 储气层的泥化特征

自然界岩石遇水一般都有塑性增强、强度降低及体积膨胀的泥化性能。泥化性能强的岩石在压力和水的联合作用下变形极大，却较少破坏产生裂隙。煤作为一种特殊的有机岩石，遇水后必然会产生一系列复杂的物理化学反应，从而大大改变其水理力学性能。河南登封煤田朝阳沟煤矿位于著名的芦店滑动构造区，主采二₁煤层及其顶、底板极其软弱破碎，泥化试验结果在河南"三软"矿区具有一定的代表性（图 4-9）。

图 4-9 表明，"三软"煤层的原煤、原生顶板（砂质泥岩）泥化现象极其明显，特别是开始 5min，曲线斜率大，泥化速度快；而夹矸（泥质粉砂岩）与底板（粉砂岩）泥化现象不明显，其曲线位于坐标系的底部，往右逐渐趋于水平，代表经过一定时间后，泥化很快停止，趋于稳定。根据上述特点，预料原煤和原生顶板在注水作用下或在水采过程中容易泥化，很难产生裂隙。而夹矸与底板泥化不明显，容易产生裂隙。因而在注水压裂条件下，煤体与夹矸、煤体与底板的界面附近容易形成层间裂隙带。另外，由于夹矸的泥化性能又明显好于底板，因而推断复杂结构的煤层或构造岩顶板容易压裂。

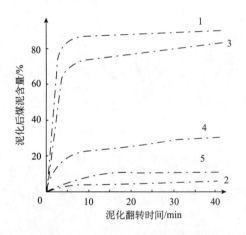

图 4-9　朝阳沟小井二₁煤层及构造岩顶板泥化曲线图
1. 顶板；2. 底板；3. 夹矸；4. 原煤；5. 浮煤

4. 顶板盖层的变形特征

河南省处于华北煤盆地南部边界，"三软"矿区为典型的华北型石炭-二叠系煤田，全省主采二₁煤层顶板统计表明顶板岩性以砂岩、泥岩或砂质泥岩为主。岩石致密，透气性差，特别是泥岩遇水后迅速成流动状（表 4-13），对煤层气赋存十分有利。实践证明,煤层顶板中泥岩、粉砂岩及砂质泥岩等软岩所占的比例越大,盖层的隔气条件就越好。

表4-13 二₁煤层顶板岩石浸水试验结果表

岩性	砂岩	砂质泥岩 无裂隙	砂质泥岩 有裂隙	泥岩 无裂隙	泥岩 有裂隙
浸水时间	30天	30天	10~15天	2~3天	3~5小时
物性变化	无变化	无变化	出现裂口呈碎块状	出现裂口呈碎块状	体积增大呈流动状

豫西滑动构造区则有所不同,根据矿区勘探资料,滑动构造的主滑面大致沿二₁煤及附近层位发育,钻孔揭露为一平均厚40m的碎裂岩带,岩心破碎,节理发育,构成豫西地区特有的松散构造岩顶板盖层(图4-10),比较有利于煤层气的运移与逸散。

(a)   (b)

图4-10 二₁煤层顶板构造变形图(彩图)

(a)张性构造岩;(b)剪切构造岩

二、瓦斯抽放数值分析

(一)流-固多参数耦合数值模拟方法

注水压裂与瓦斯抽采涉及裂隙介质损伤、破坏、渗透性、气体运移等多种计算,特别是流-固耦合过程中,涉及的力学过程十分复杂,而现众多学者提出的理论都是各自在特定的环境下做出的,缺乏完善的理论公式。在漫长的地质历史时期中,岩石受到各种地质作用,从而产生了各种不同成因的结构面。当受到附加应力时,这些岩石力学性质在一定程度上受这些结构面所控制,或者说,岩石强度性质随时间的延长而弱化的现象,本质上是岩石内部结构损伤的结果。

注水压裂条件下,受内水压力影响,裂隙带物质往往处于流变状态,因此裂隙的损伤与延伸都是随时间变化的发展过程。当内水压力与初始地应力合成到一定临界值时,岩石旧裂隙会扩展,或诱发新的岩石裂隙,从而影响到岩石的渗透性能。上述过程本书称之为流变-损伤-渗流多参数耦合,这是对流-固双场耦合理论的补充和深入研究。要使这种耦合在 ABAQUS 软件中得以实现,首先需要确定一个方便和适合于该软件的多参数耦合模型。本书以 ABAQUS 软件自带的岩体流变模型为基础,用广义 Kelvin 模型来描述岩石材料蠕变方程,设 $t=0$ 时,初始常应力为 σ,则有

$$\varepsilon = \frac{\sigma}{E_1} + \frac{\sigma}{E_2}\left[1 - \exp\left(-\frac{E_2}{\eta_2}t\right)\right] \tag{4-41}$$

式中,E_1 为岩体的弹性模量;E_2 和 η_2 为岩体的黏性参数。

设岩石处于弹性阶段时不发生损伤,当软岩单元的等效塑性应变超过极限塑性应变 $\overline{\varepsilon}_{p\max}$ 时,该岩石材料因塑性变形而发生畸变破坏。而损伤变量 D 与等效塑性应变 $\overline{\varepsilon}_{p\max}$ 之间满足一阶指数衰减函数,将等效塑性应变归一化,则有

$$D = \frac{1}{e^{-1/a} - 1}e^{-\overline{\varepsilon}_{pn}/a} + \frac{-1}{e^{-1/a} - 1} \tag{4-42}$$

式中,$\overline{\varepsilon}_{pn}$ 为归一化后的等效塑性应变,a 为材料参数,可以通过实验取得。

由渗透性与损伤之间的关系:

$$k = \frac{n}{K_z S_v^2} = \frac{n_0 - D(n_0 - n_s)}{K_z S_v^2} \tag{4-43}$$

式中,K_z 为无量纲常数,其值一般可以取 4.5~5.5;S_v 为单位孔隙体积的表面积,$S_v = A_s/V_v$;A_s 为空隙的总表面积;n 为孔隙度;n_0 为岩体初始孔隙度。

通过 ABAQUS 提供的 USDFILD 用户子程序,可运用 Fortran 语言编程,建立渗透性与损伤变量及时间的多参数耦合关系,充分实现式(4-41)、式(4-42)、式(4-43)三个公式与模拟软件的嵌入与对接。

(二)计算模型与参数的确定

以豫西芦店滑动构造区告成井田某注水压裂井为例,采用有限元软件 ABAQUS 模拟其分段压裂过程。该井的完井深为 823m,完钻垂深为 769m 。地

质模型中包括构造破碎带、断层带、二$_1$煤层与砂质泥岩底板，破碎带之上则为巨厚的上覆系统裂隙带（图4-7）。模型高度（Z向）、宽度（Y向）和长度（X向）分别为20m、50m和150m。为保证煤层走向上的最佳压裂效果，采用定向注射新工艺，X、Y构成的平面代表原始层面，X代表射眼注水方向，射眼位置正好位于原始层理。破碎带厚度为5m；断层带厚度为2m；煤层厚度为8m；底板厚度为5m，有限元计算模型如图4-11所示。

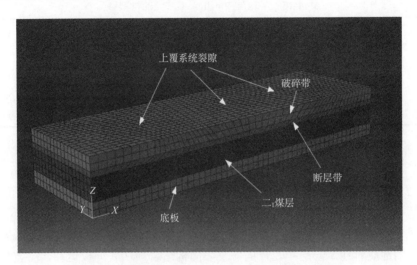

图4-11　软煤顺层注水压裂有限元计算模型图（彩图）

　　考虑水平面内X方向和Y方向的地应力分别为上覆地应力（Z方向，数值见表4-14）的0.92和0.85（即侧向应力系数分别为0.92和0.85）。裂缝的扩展方向与最小水平地应力垂直，因此由注水孔位置起始沿X方向设置cohesive单元模拟目标层中裂缝的起裂和扩展，形成横向裂缝；Y向上各层之间设置cohesive单元模拟可能出现竖向裂缝的破裂和扩展，射孔孔眼与微环隙和横向裂缝都相连接。由于本模型的埋深较大，均位于地下水位以下，故各岩层设置饱和度为1.0，初始孔隙率为0.3，初始孔隙压力为2.3MPa。所有外表面约束法向位移。共生成8748个节点，7208个单元。地层的地质参数以及水平层cohesive单元的材料参数取自告成煤矿试验井以及参考类似矿区（表4-14、表4-15）。

表4-14　滑动带地层的地质参数

项目	弹性模量/GPa	泊松比	黏滞系数/（MPa·h）	渗透系数/（m/s）	Z向地应力/MPa	密度/（g/cm³）	抗拉强度/MPa
破碎带	2.3	0.25	$0.757×10^6$	$1×10^{-6}$	16	2.75	3.3
断层带	1.1	0.33	$0.896×10^6$	$1×10^{-3}$	17	2.65	1.8

续表

项目	弹性模量/GPa	泊松比	黏滞系数/（MPa·h）	渗透系数/（m/s）	Z向地应力/MPa	密度/（g/cm³）	抗拉强度/MPa
二₁煤层	2.1	0.25	1.093×10⁶	1×10⁻⁷	17	2.75	2.9
底板（砂质泥岩）	2.4	0.25	0.778×10⁶	1×10⁻⁵	19	2.72	3.9

表 4-15　各地层中 cohesive 单元的材料参数

项目	t_n^0 /MPa	t_s^0 /MPa	t_t^0 /MPa	T_{eff}^0 /MPa
破碎带	3.9	2.2	2.2	3.9
断层带	3.9	2.2	2.2	3.9
二₁煤层	3.9	2.2	2.2	3.9
底板（砂质泥岩）	3.9	2.2	2.2	3.9

（三）模拟结果分析

1. 压裂目标层的确定

　　滑动构造区"三软"煤层结构极其复杂，且分布有许多不同类型的渗透边界。在漫长的地质时期，煤层中瓦斯向多空隙的构造岩顶（底）板运移，并富集于各类裂隙中，最终形成多个瓦斯储层空间叠置的地质现象。据此，笔者对破碎带、断层带、二₁煤层和底板分别进行注水压裂模拟，以寻找最佳压裂目标层。模拟过程中，设定压力水的黏滞系数为 1×10⁻⁶ kPa·s，起始注入量控制在 0.23m³/min，平均注入量为 3.12m³/min；注水管长度取定 2m，位置设置在底板与夹矸中间，采用 2ZBYS 系列矿用液压注浆泵提供压力水源，最大注浆压力为 10.5MPa，计算时取平均注水压力 4.5MPa，注水持续 120min，所得到的四种不同结果分述如下：

　　（1）破碎带设为目标层[图 4-12（a）]。该层经注水压裂，最大孔隙压力仅为 2.20MPa，远远低于 cohesive 单元初始牵引拉力 4.5MPa，因此压裂效果最差。分析其原因，该带上部有较厚的构造裂隙带，分布有大量的垂直连通裂隙，致使压裂流体在裂隙中流失而不能形成有效压力。破碎带下部紧邻断层带，断层带岩性主要为角砾岩，渗透系数同样很大，压力流体也无法形成较大的牵引拉力，使得 cohesive 单元损伤。但在相对低渗的底板，却形成了较高的孔隙压力，究其原因，随着流体增加，破碎带处的孔隙压力引起整个模型中的总应力增加，但仍然远小于 cohesive 单元法向初始牵引拉力。

　　（2）断层带设为目标层[图 4-12（b）]。从图中可以看出，断层带中孔隙压力比较集中，裂隙延伸较好，其长度达到 80～90m，基本可以满足实际需求。而孔隙压力在破碎带与底板中衰减较快,其下降梯度比较平稳,各层中的梯度均稳定,40°~55°难以形成有效裂隙。

（3）煤层设为目标层[图 4-12（c）]。相邻渗流场的压力下降梯度基本保持在 40°~45°,致使煤层中孔隙压力最为集中,裂隙延伸也最好,长度均达到100m左右,有利于煤层气快速析出。

（4）底板设为目标层[图 4-12（d）]。破碎带与断层带之间的孔隙压力梯度基本没有变化,虽然煤层与底板中的孔隙压力比较适宜,但对于整体压裂抽采效果并不理想。

由此可见,在目前注水技术条件下,压裂主采二₁煤层或者压裂顶板断层带,或者联合压裂煤层与顶板断层带,则能取得最好的瓦斯抽采效果。

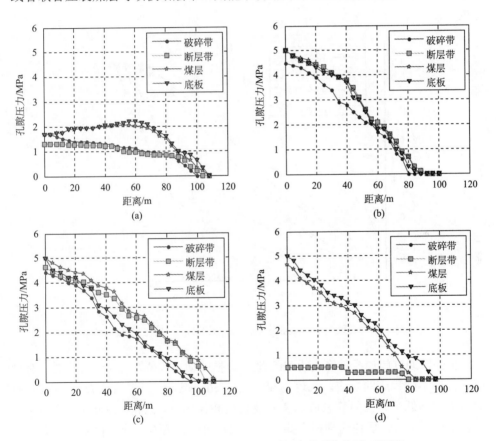

图 4-12 滑动构造带孔隙压力与压裂距离关系曲线图（彩图）

（a）破碎带压裂; （b）断层带压裂; （c）二₁煤层压裂; （d）底板压裂

2. 软煤损伤的应力条件

不同性质的荷载作用，裂隙尖端 cohesive 单元损伤系数随压力值的变化状况有所不同（图 4-13）。静水压力值为 4MPa 时，二$_1$煤 cohesive 层左侧最大主应力损伤系数已经达到 0.948，即 D=0.948，接近于完全破坏值（D=1）。当压力值增大到 4.5MPa 时，损伤系数已达到临界值（D=1）。这一数值略大于 T_{eff}^0，与本书所用 cohesive 单元中的起始牵引拉力比较接近，分析注水过程中，有一部分压力流体会滤失，导致 cohesive 单元起裂时的初始牵引力会略大于理论值。而此时顶板碎裂岩相应的损伤系数仅为 0.7，尚未达到屈服破裂状态。由此可见，静力条件下主采二$_1$煤层相对容易压裂，模拟值 4.5MPa 被用作软煤的起始压力是切实可行的。

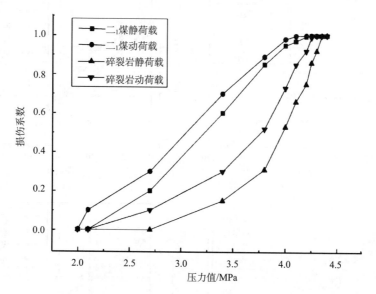

图 4-13　裂隙尖端 cohesive 单元损伤系数随压力值的变化曲线

另外，通过施加经过修改的 Taft 地震数据的动力幅值，二$_1$煤与碎裂岩对动荷载皆有不同程度的响应，表现为裂隙尖端 cohesive 层损伤系数 D=1 所对应的动力值均略低于相应的静态值，表明反复荷载作用下，cohesive 单元韧性下降，更容易出现疲劳，更快达到损伤并拉裂。但从另一角度看，同等材料与边界条件下，二$_1$煤静、动二者损伤系数值相差很小，最大值仅为 0.1，反映了软煤具有较好的抗震与隔震作用，而顶板碎裂岩普遍达到 0.2 左右，暗示对地震作用有较强的敏感性。

3. 软煤损伤的时间效应

岩体在内水压力作用下，裂隙尖端变形大致可分为开启、张裂与延伸三个阶段。当从注射孔孔眼向目标层注入高压流体浆液时，由于煤体具有一定的渗透性，部分液体会滤失到天然空隙中，致使煤体孔隙压力 u_w 骤然上升（压应力为正）。在总应力一定的条件下，有效应力 σ'（拉应力为正）一定会随之下降，从而导致煤体强度降低。当煤层中孔隙压力增大到裂隙的抗拉强度时（即煤层中嵌入的 cohesive 单元抗拉强度，T-P 损伤模型中的三角形最高点），cohesive 单元开始出现损伤，此时裂隙开启；随着拉应力作用与损伤的继续增加，损伤系数 D 逐渐达到 1 时，cohesive 单元失效，裂隙尖端开始张裂并向前延伸。裂隙延伸后液体继续扩展，但孔隙压力下降，当小于裂隙抗拉强度时，裂隙的延伸也就随之停止。

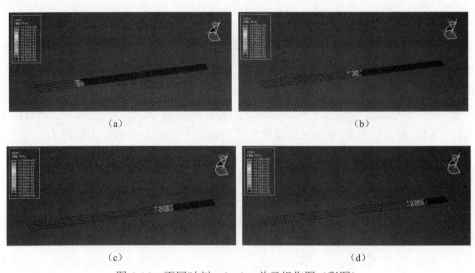

(a)　　　　　　　　　　　　　　(b)

(c)　　　　　　　　　　　　　　(d)

图 4-14　不同时刻 cohesive 单元损伤图（彩图）

（a）30min；（b）60min；（c）90min；（d）120min

图 4-14 体现了水力作用下软煤裂隙损伤的整个过程。计算中选择与表 4-14 和表 4-15 相同的参数值，并设定压裂缝为永久变形，故考虑了向压裂缝灌入砂、砾石等填充料，以防止撤压后压裂缝重新闭合。压裂的最初时期，原始层理在一定的水头作用下开始出现裂缝，并在裂缝末端产生应力集中区。经过 30min 后，cohesive 单元失效距离即裂缝扩展长度达 34m[图 4-14（a）]；随着注水时间的持续与水头自然损失的加剧，压裂半径逐渐增大，cohesive 单元损伤继续增长，在 60min 时达到 58m[图 4-14（b）]；注水 90min 后由于水力梯度降低，浆液损失增多，煤层裂隙末端的损伤增速减慢，压裂效果不如前期理想，长度尚能延伸至 80m

左右[图 4-14（c）]；120min 后高应力区基本消失，裂缝扩展趋于停滞，压裂半径最终维持在 106.5m [图 4-14（d）]。

软煤裂隙在注水压裂条件下，受应力场与渗流场的双重作用，必将产生开启损伤与两侧压实作用。流变–损伤–渗流多场耦合模型（武强等，2011），以 Biot 固结理论为基础，将破碎岩体应力–应变及渗流场的数值耦合模拟，应用于软煤的注水压裂工程中，精辟地阐明了岩体中流体的运移、压力传递以及裂隙的延伸，无论在时间还是在空间上都是一个逐渐发展的过程，并且逐渐衰减于某一极限值。图 4-13、图 4-14 与图 4-15 完全佐证了上述岩体本构模型同样适用于含瓦斯软煤。研究结果表明，在定向注水工艺条件下，4.5MPa 静荷载作用于软煤裂隙 1～2h，损伤范围基本可以达到 80～100m 这一最大数值，从而在基本不破坏两侧煤体结构的前提下，大幅度地改善了"三软"煤层的低渗性能。

4. 模拟结果验证

运用国产长沙白云 MSD-1 瞬变电磁仪对二 1 煤工作面的压裂试验进行了实际监测。压裂前高抽巷 40～80m 巷底以下 25m 范围内的煤层处密实状态，视电阻率（ρ_s）表现为 20～40Ω 的高阻区[图 4-15（a）]。压裂后水体沿层间关键裂隙层流动，1 号与 2 号钻孔之间的煤层已变为视电阻率（ρ_s）的低阻区，仅为 15Ω[图 4-15（b）]。通过对传统注水压裂技术进行改进（5MPa 左右的定向压力），相同工况条件下，2h 后沿层间裂隙带的压裂长度可达 100m 左右。压裂后，7 天内单孔瓦斯抽放量达 3765m³，为压裂前的 120 倍，平均抽采瓦斯浓度达到 14%，能够满足瓦斯规模化利用的要求。上述压裂施工参数与理论计算结果完全一致。

数值模拟与生产实践均充分说明，以"施工技术参数优化组合"为核心内容的定向注水压裂技术，能够明显改善"三软"煤层的渗透性能，从而显著提高瓦斯抽采率。就豫西"三软"煤层而言，二 1 煤对动荷载的响应不很敏感，相同地质条件下，动态注水压裂效果略优于静态。而顶板碎裂岩对地震作用有较强的敏感性，采用动力压裂方法预计可获得较好抽放效果。

同时，为避免对裂隙两侧煤体结构的剧烈扰动，静态条件下，施加 4.5MPa 的注水压力，2h 左右的注水时间，水力压裂在"三软"煤层中的影响半径基本可以达到 80～100m 这一理想数据。因此，采用正确的施工方法和施工技术参数，注水压裂前后的瓦斯抽采效率大约可以提高 100 倍，衰减周期由 7 天左右延长到 1000～1500 天，基本可以满足月产量达到 1000～2000m³ 的预期目标。上述结论可以为类似工程提供一些有价值的参考依据，对于我国复杂地质条件下煤层气开发利用具有重要的战略意义。

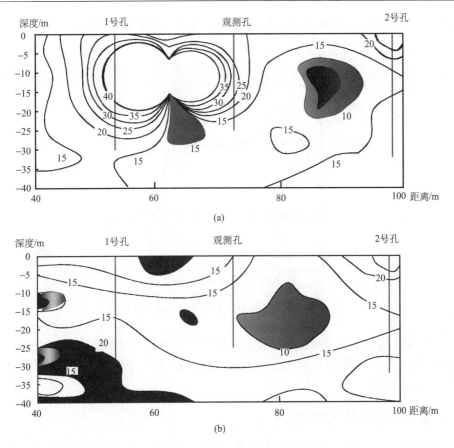

图 4-15　二₁ 煤层压裂电法探测对比图

（a）煤层压裂前；（b）煤层压裂后

第五节　基于 PKN 分析的压裂时间计算模型

　　水力压裂过程中，井壁储层经历了源岩起裂压力与裂隙延伸压力两个演化阶段（图 4-16）。所谓压裂时间就是在井底流压作用下，井壁源岩开始产生裂缝，最终达到稳定状态所经历的时间，其实质就是在延伸压力作用下压裂缝产生的时间。事实上，我国北方煤矿是世界著名的大水矿区，水文地质条件复杂，底板岩溶水水患严重。近年来在煤层气压裂抽采试验过程中，发现地面施压时间过长，压裂缝则会穿过底板隔水层，触及下伏石炭系（L_{7-8}）或奥陶系（O）岩溶含水层甚至边界充水断层，从而引发地下水污染与涌出、煤层气渗漏、地面沉降以及矿区诱发地震等地质灾害。因此，为了确保大水矿区的地下水环境，以及压裂改造作用后的煤层气产能，必须正确控制地面起裂时间这一关键施工参数。

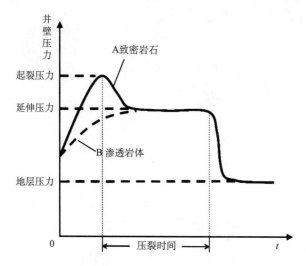

图 4-16　水力压裂条件下储层应力演化示意图

　　由 PKN 裂缝扩展分析模型可知，求解压裂时间与压裂半径，即 *t-L* 关系式的关键就是首先求解裂缝内净压力，而内净压力的求解又取决于垂直井起裂压力与延伸压力的求解。

一、垂直井延伸压力模型

　　延伸压力就是源岩破裂后应力自然下降，维持裂缝扩展延伸的外部作用力。自从 1976 年 Dougill 将损伤力学引入岩石材料以来，岩石损伤力学研究已成为当今岩石力学研究领域的热门课题之一（Lemaitre，1984；杨更社、张长庆，1998；陈蕴生等，2005；张明等，2013；王康等，2015）。煤体在起裂压力的作用下受到损伤，导致裂缝扩展过程中宏观上必然表现为强度的弱化，也即弹性模量的折减。因此，必须建立损伤本构关系，将延伸压力在起裂压力的基础上进行折减，最终推导出延伸压力的计算公式。

1. 损伤本构关系的建立

　　为了使材料的本构方程不至于太复杂，法国学者 Lemaitre（1984）提出了等效应变假设：将全应力换成有效应力，所获得无损材料的应变与全应力作用于有损材料的应变等价。经过推导得出基于弹性模量的损伤变量表达式：

$$D = 1 - \frac{E'}{E} \tag{4-44}$$

式中，D 为损伤变量；E'为损伤材料的弹性模量；E 为无损材料的弹性模量。根据式（4-44）可推出

$$E' = (1-D)E \tag{4-45}$$

其中，损伤变量 D 是准确描述材料损伤后力学性质的重要参数。陈蕴生等（2005）在研究非贯通裂隙介质单轴受力条件下的损伤本构关系时，将规则的裂隙称为奇异损伤，其损伤变量为 D_f；将随机分布的孔隙和微小裂隙称为分布损伤，其损伤变量为 D_m；根据所做的力学实验拟合得到关于二者的演化方程。奇异损伤变量的表达式为

$$D_f = K_1 \left(\frac{\sigma}{\sigma_c} \right) \tag{4-46}$$

其中 K_1 的表达式为

$$K_1 = 0.0207 e^{0.0279\alpha} \tag{4-47}$$

由于处于加速阶段，所以 $\sigma/\sigma_c=1$，$D_f = K_1 = 0.0207 e^{0.0279\alpha}$。当 $\alpha=30°$，$45°$，$60°$，$90°$时 D_f的计算结果如表 4-16。

表 4-16　奇异损伤变量 D_f 计算值

角度	30°	45°	60°	90°	平均
损伤变量 D_f 值	0.0478	0.0726	0.1104	0.2550	0.1215

加速增长阶段，分布损伤变量的表达式为

$$D_m = B e^{C\left(\frac{\sigma}{\sigma_c} \right)} \tag{4-48}$$

根据拟合得到的 B、C 值对 D_m 值进行计算，结果如表 4-17。

表 4-17　分布损伤变量 D_m 计算值

角度	B 值	C 值	损伤变量 D_m 值	损伤变量 D_m 平均值
30°	0.0912	0.8394	0.2111	
45°	0.0346	1.8710	0.2247	0.2530
60°	0.1375	0.4118	0.2076	
90°	0.1154	1.1617	0.3687	

由于含气软煤中奇异损伤与分布损伤交错分布，为简化计算，总的损伤变量取奇异损伤变量与分布损伤变量的平均值：

$$D = \frac{D_f + D_m}{2} = \frac{0.1215 + 0.2530}{2} = 0.1873 \tag{4-49}$$

2. 延伸压力的确定

裂缝在延伸扩展时，由于含气软煤本体受到损伤，其延伸压力 P_{ys} 要折减为起裂压力 P_{wf} 的 $(1-D)$ 倍，由式（4-7）与式（4-8）可得

$$P_{ys} = (1-D)P_{wf} = 0.8127P_{wf} = 0.8127\left(\frac{2\lambda\sigma_{cz} - 2P_r + \left[\sigma_t^h\right]}{2 - \beta(1-\lambda)} + P_r\right) \quad (4\text{-}50)$$

$$P_{ys} = (1-D)P_{wf} = 0.8127P_{wf} = 0.8127\left(\frac{\sigma_{cz} - P_r + \left[\sigma_t^z\right]}{1.94 - \beta(1-\lambda)} + P_r\right) \quad (4\text{-}51)$$

二、垂直井压裂时间模型

鉴于压裂时间是煤体裂隙在延伸应力作用下发生延伸变形的时间，故有必要对裂缝在延伸应力作用下的扩展机理进行研究。由于研究区内裂缝长宽比远大于1，故根据 PKN 模型对水力压裂裂缝扩展模型进行了拓展。

1. 垂直井裂缝扩展模型

由 PKN 模型可知，在压裂施工的过程中，前置液和携砂液主要作用是造缝和撑缝。由压裂液的体积守恒知，注入的压裂液的总体积 $Q(t)$ 应与撑缝体积 $Q_F(t)$ 和滤失体积 $Q_L(t)$ 之和相等。

$$Q(t) = Q_L(t) + Q_F(t) \quad (4\text{-}52)$$

式中，$Q(t)$ 为 t 时刻注入的压裂液总体积，m^3；$Q_L(t)$ 为 t 时刻压裂液滤失体积，m^3；$Q_F(t)$ 为 t 时刻压裂液撑缝的体积，m^3；t 时刻注入的压裂液体积总量为

$$Q(t) = qt \quad (4\text{-}53)$$

式中，q 为施工排量，m^3/min；t 为施工总时间，min。

压裂液滤失量 $Q_L(t)$ 是压裂液滤失速度 $v(t)$、裂缝面积 $A(t)$ 和时间 t 的函数：

$$Q_L(t) = 4\int_0^{A(t)} v(t)dA(t) \quad (4\text{-}54)$$

在压裂液的经典滤失理论中，滤失速度 $v(t)$ 与接触压裂液的时间有关，即

$$v(t) = \frac{C}{\sqrt{t_0 - \tau}} \quad (4\text{-}55)$$

将式（4-55）代入式（4-54）可得

$$Q_L(t) = 4\int_0^L \int_0^t \frac{CH}{\sqrt{t_0 - \tau}} d\tau dx \quad (4\text{-}56)$$

式中，$v(t)$ 为压裂液滤失速度，m/min；L 为裂缝单翼长度，m；t 为压裂液注入总时间，min；C 为压裂液滤失系数，m/min；H 为裂缝高度，m；τ 为压裂液到达裂

缝处的时间，min。

当压裂液充满裂缝时，压裂液撑缝体积 $Q_F(t)$ 可用裂缝的体积计算：

$$Q_F(t) = 2\int_0^L Hw\,(x)\,\mathrm{d}x \tag{4-57}$$

式中，$w(x)$ 为裂缝延伸主方向上距离井壁 x 处的裂缝宽度，m。

2. 压裂时间计算模型

鉴于裂缝扩展问题的复杂性，因而对模型进行简化。裂缝在任一断面上的宽度 $w(x,t)$ 与该断面上净压力 ΔP 的关系（俞绍诚，2010）为

$$w(x,t) = \frac{(1-\mu)H}{G}\Delta P \tag{4-58}$$

式中，$w(x,t)$ 为 t 时刻距离井壁 x 处裂缝断面的宽度，m；μ 为岩石泊松比，无量纲；H 为裂缝高度，m；ΔP 为裂缝断面处的净压力，Pa；G 为岩石剪切模量，Pa。

根据裂缝在延伸扩展的应力状态以及其压降衰减规律（刘浩，2010），净压力关于位置 x 变化的表达式为

$$\Delta P = (P_i - P_c)\sqrt{1 - \left(\frac{x}{L}\right)^2} \tag{4-59}$$

式中，P_i 为井壁压力；P_c 为闭合压力；L 为裂缝半翼长；x 为距离井壁的距离。

当裂缝在延伸压力的作用下扩展时，井壁压力 P_i 即为延伸压力 P_{ys}，此时距离井壁 x 处的净压力为

$$\Delta P = (P_{ys} - P_c)\sqrt{1 - \left(\frac{x}{L}\right)^2} \tag{4-60}$$

联立式（4-57）、式（4-58）、式（4-60）可得

$$Q_F(t) = \frac{(1-\mu)\pi}{4G}(P_{ys} - P_c)LH^2 \tag{4-61}$$

对式（4-56）积分可得

$$Q_L(t) \approx 8CHL\sqrt{t} \tag{4-62}$$

将式（4-53）、式（4-61）、式（4-62）代入式（4-52）中可得

$$8CHL\sqrt{t} + \frac{(1-\mu)\pi}{4G}(P_{ys} - P_c)LH^2 = qt \tag{4-63}$$

整理上式可得

$$L = \frac{qt}{\frac{(1-\mu)\pi}{4G}H^2(P_{ys}-P_c) + 8CH\sqrt{t}} \tag{4-64}$$

　　式（4-64）构成了求解煤岩压裂时间的控制方程。分析上式可得，压裂时间 t 是与泊松比、裂缝高度、剪切模量、延伸压力、闭合压力、滤失系数、压裂液流量等有关的函数。而且在压裂半径 L 一定的情况下，延伸压力越大，时间越短；流量越小，时间越长。利用式（4-64）可以对压裂时间进行计算，得到的理论压裂时间，为合理控制施工过程提供有效的技术支撑。

3. 模型应用

1）物性特征

　　研究区焦作煤田是我国典型的"三软"大水矿区，含煤地层主要为山西组二₁煤层，煤层气藏埋深多处于 155～800m，是矿区主要可采煤层。可采煤层的顶底板多为致密的泥岩或者砂质泥岩，渗透率为 0.025～0.048μm²，渗透性能较差，隔气隔水效果良好，宜于煤层气的储集。矿区范围内煤层气含量为 10～35m³/t，西北部较低，向东南深部含气量增高。据文献（李宏欣，2012）提供的参数，焦作地区煤岩泊松比平均为 0.31，弹性模量平均为 2500MPa，储层压力 P_r 约为 4.14MPa，煤体水平向和垂直向抗拉强度均取 0.8MPa，Biot 系数取 1。

2）施工参数

　　区内 GW-试 002 井煤层顶板 530.20m，煤层厚度 5.16m，计算垂直应力时取至煤层中部进行计算即 532.78m，上部覆盖层的平均重度 $\gamma=26.3$kN/m³，施工排量为 5m³/min。根据宋佳等（2013）关于压裂液滤失的实验，得到滤失系数为 $C=8.3\times10^{-3}$m/min$^{0.5}$，其中裂缝高度 H 取煤层的厚度 5.16m，闭合压力 P_c 即是储层压力 P_r，其值取 4.14MPa。

3）计算结果分析

　　依据已建立的垂直井的起裂压力模型，运用 C++汇编语言，编译了起裂压力计算软件。将上述地层参数输入软件，可以得到区内 GW-试 002 井的起裂压力 P_{wf} 值为 10.81MPa。再将参数带入式（4-64）中，结果见表 4-18 与图 4-17。

　　分析以上数据可知（表 4-18），随着压裂时间的增加，裂缝不断向前扩展，压裂半径也不断增加。图 4-17 是 GW-试 002 井压裂半径与压裂时间的关系曲线，显示在压裂初期裂缝扩展较快（加速增长阶段），在压裂中后期，时间虽不断增加，但压裂半径增长缓慢（衰减增长阶段）。对这两个阶段进行深度剖析，可知随着时间的增长以及裂缝不断向前扩展，压裂液滤失量逐渐增大，延伸压力逐渐衰减，裂缝扩展速度减缓直到最后终止。

表 4-18　拓展模型计算结果

井号	埋深/m	上层覆盖层平均重度/（kN/m³）	滤失系数 C/（m/min$^{0.5}$）	闭合压力/MPa	裂缝高度 H/m	压裂时间 t/min	压裂半径 L/m
GW-试002	532.78	26.3	8.3×10^{-3}	4.14	5.16	5	29.89
	532.78	26.3	8.3×10^{-3}	4.14	5.16	10	43.34
	532.78	26.3	8.3×10^{-3}	4.14	5.16	20	62.40
	532.78	26.3	8.3×10^{-3}	4.14	5.16	30	77.05
	532.78	26.3	8.3×10^{-3}	4.14	5.16	40	89.40
	532.78	26.3	8.3×10^{-3}	4.14	5.16	50	100.28
	532.78	26.3	8.3×10^{-3}	4.14	5.16	60	110.13
	532.78	26.3	8.3×10^{-3}	4.14	5.16	70	119.18
	532.78	26.3	8.3×10^{-3}	4.14	5.16	80	127.60
	532.78	26.3	8.3×10^{-3}	4.14	5.16	90	135.52
	532.78	26.3	8.3×10^{-3}	4.14	5.16	100	143.00

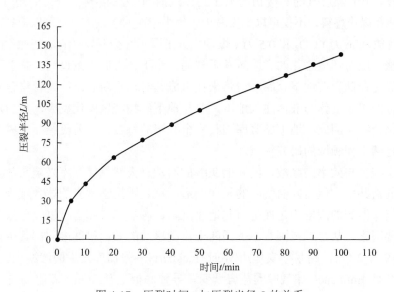

图 4-17　压裂时间 t 与压裂半径 L 的关系

据现场试验井施工监测资料，实际压裂时间 t 分段控制在 40～100min，经区内微地震法实测，相应得到不同方向的压裂缝半径，西翼裂缝长 109.5m，东翼裂缝长 82.4m，充分保证了压裂后的采区渗流场仍能围限在充水边界断层之间。而应用模型计算压裂时间，从 40min 增加到 60min 时，压裂半径从 89.40m 扩展到110.13m。模型计算值与现场实测值较为吻合，初步验证了压裂时间模型对解决此类问题的适用性。

第五章　地下盐穴储气库围岩稳定性分析

浩瀚的宇宙中，地球是目前人类已知的唯一具有生命的星球。然而当前的地球生态系统正面临大气 CO_2 浓度快速增加、地球温室效应日趋明显、海平面上升、地球异常气候渐趋频繁、生物多样性剧减等问题，尤其是暖温与雾霾等极端气候日益严重，已严重威胁到人类生存和自然资源的可持续发展。瓦斯是与煤伴生、共生的气体资源，其主要成分为甲烷，含量一般在 90%～99%。瓦斯属于易燃易爆有害气体，直接威胁着煤矿的生产安全；一旦抽放排入大气后即造成温室效应。大量研究成果表明，甲烷的温室效应是 CO_2 的 20 多倍，对臭氧层的破坏能力是 CO_2 的 7 倍。但它同时又是热值高、无污染的高效、洁净燃料气资源（CH_4），按热值计算，$1m^3$ 煤层气的热值相当于 1.13L 汽油和 1.22kg 标准煤。若用 1 亿 m^3 煤层气代替煤作燃料，不仅可以大大减少大气中甲烷的含量，而且可以节省 30 万 t 煤，少排放 0.36 万 t CO_2 和 0.5 万 t 煤烟尘。在国际社会开发"清洁能源"的呼声日益高涨与应对环境恶化的意愿越发强烈的背景下，人们不禁设想，是否可以将矿井排放瓦斯储存在地下仓库，待将来技术成熟时再重新利用；或者将含有各类污染成分的工业气体与液体注入地下，并与地下矿物产生固化反应，从而形成新的稳定化合物。因此，地下储藏库因其安全经济的特点，目前已经逐步成为地下空间与仓储工程领域的研究热点。

鉴于安全与效率的缘故，世界上 90% 的石油、天然气储存库兴建在盐岩溶腔或报废的盐井中。但盐穴储气库的长期变形一直是困扰学术界的技术难题。换言之，储气库溶腔的围岩稳定性是引起地面沉陷、影响储气库运行以及导致库容缩减的重要因素。从全球范围看，美国两个典型事故的教训极其惨痛：其中之一是 1978 年 9 月 21 日，路易斯安那州 West Hackberry 6 号储库发生的渗漏火灾事故；另外一个是 Eminence 储气库因盐岩蠕变，导致底板上升 36m，库容损失 40%。此外，德国的 Kavernen Feldes 盐岩储气库运营期地面沉降速率达 17mm/a，影响范围达 3500m。

近 50 年来特别是近 20 年来，国内外学术界集中了大量的研究资源对盐岩溶腔的稳定性和地下储气库的安全性进行了专题研究。国外对地下盐穴能源储存的研究起步较早，20 世纪 60、70 年代是理论研究和实际运用的高峰期，并取得了一系列的理论成果和实际经验。1962 年在美国举行了第一届盐岩学术讨论会，主要探讨盐岩储气库建设的基础理论以及相关技术问题。之后于 1981 年、

1986 年、1993 年、1996 年、1999 年、2007 年分别在美国、德国、法国、加拿大、罗马尼亚召开了盐岩讨论会，全面讨论盐岩的开采技术、溶腔建造、腔体围岩稳定性以及储气库运行期的地质灾害问题。在理论计算方面，Stefan Heusermann 基于 ADINA 软件和 LUBBY2 模型，运用非线性有限元法对某盐岩溶腔进行了稳定性分析；M. Langer 等考虑盐岩的应力敏感性，运用 BGR 本构模型对某盐矿开挖 130 年后的应力应变、稳态蠕变和剪涨特性进行了全方位分析；侯正猛和吴文（2003）运用 HOU/LUX 模型分析了德国 ASSE 盐矿溶腔围岩的剪涨以及损伤与渗透的耦合特性；Norman 等（1992）则用修正的 WIPP 模型对互层状盐岩的采空区进行了蠕变分析。

　　针对盐岩的蠕变力学性能，杨春和等（2002）进行了大量体现应变应力路径的盐岩蠕变试验研究，高小平等（2005）设计了不同围压和温度水平的盐岩蠕变试验。王贵君（2003）给出盐岩稳态蠕变条件下溶腔的稳定性计算方法；陈卫忠等（2006，2007，2009）应用大型商业软件 ABAQUS 的非线性功能，通过对该软件的二次开发，最终将蠕变试验所得的盐岩本构模型嵌入到 ABAQUS 中，从而对某地下储气库溶腔群的蠕变和采动性态开展数值仿真模拟；侯正猛和吴文（2003）运用 FLAC^{3D} 分析软件，对蓄气过程中某盐岩地下储气库围岩的稳定性与时效性进行了研究；丁国生和张昱文（2010）选定河南平顶山盐田为示范工程，运用沉积学与地层学原理，从地质可储性角度，认为该盐田盐层埋深适中，盐层厚度大，具备建设盐穴储气库的地质条件，并提出了"盐矿的沉积中心部位是建设盐穴储气库的最佳区块"这一重要结论。

　　我国地下储气库建设工作起步较晚，特别是对运行期间地质灾害与环境效应的预测尚属空白。江苏金坛盐岩储气库，作为国内目前唯一的运行库已于 2007 年 2 月正式投产，实际工程使用中积累了一定的地质灾害防治经验（屈丹安等，2010）。平顶山、应城、潜江、万州、如东等地盐岩储气库正在加紧规划建设之中。可以预见，地下储气库技术即将开始向库区地质灾害防治、减少地下储气库对环境的影响以及增强地下储气库运行的灵活性和延长使用寿命方向发展。随着全球经济的高速发展和对清洁能源需求的日益增长，地下储气库在天然气工业发展过程中的作用逐渐变大，世界各国必将在这个领域展开全方位的研究。本章结合河南平顶山盐田地下储气库的前期地质工作，针对复杂地质条件下盐穴储气库围岩稳定性及环境效应问题开展前瞻性研究，进而推动国内地下溶腔工业气体的储藏与防灾理论的全面发展。

第一节　互层状盐岩的蠕变试验

一、地质背景

1. 互层状盐岩的赋存特征

平顶山盐田矿层储量丰富，已有近 20 年的开采历史，因而在地下形成许多废弃的采空盐腔。盐岩赋存于新生界古近系河套地层中，属薄层状盐岩，与泥岩呈互层结构，构造简单，产状水平，大都埋藏在–1000～–1400m 深度。

区域资料表明，研究区可采盐层位于古近系核桃园组（E_2h），岩性为灰色泥岩、盐岩、含石膏泥岩。总厚度为 489～1070m，可划分对比为 22 个盐群。盐田盐层层数最多可达 61 层，其单层厚度最大可高达 27.7m（602 井，核十四段），最薄不足 1m，单层厚度多集中在 10m 以内。盐层间距小，对应的夹层以薄、多为特点，平均为 2.8m，最大为 12.32m，厚度普遍在 5m 以内，泥质夹层总厚度约占盐层总厚度的 30%左右。

平顶山盐田地处豫西新生代凹陷-舞阳凹陷西部，舞阳凹陷属断陷式箕状构造，单斜倾向，倾角 9°～17°。凹陷内分布着延伸方向、断距不一的断裂 40 条。除北部控制凹陷发生与发展的叶鲁大断裂外，其中大部分为北西、北西西向断层，断距在 30～700m，一般为 100～300m，延展长度 2～12km 不等。上述断层均为引张机制下的正断层，具有数量多、规模大、渗透性好的特点，构成阶梯状断层组合控制着盐田的边界（图 5-1）。

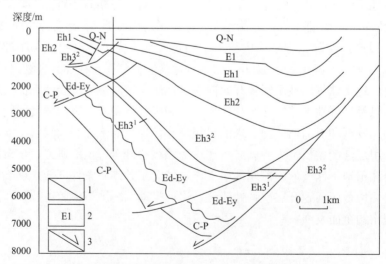

图 5-1　舞阳凹陷断裂构造分布剖面图

1. 地层界线；2. 地层时代；3. 正断层

中盐皓龙马庄矿段的采区面积约 1.01km²，年产 200 万 t 液体盐。盐岩呈多层复式，赋存在古近系核桃园组中，主要岩性为盐岩夹泥岩，含盐段埋深 1000～2000m。由于中盐皓龙马庄五里铺盐矿段（以下简称：马庄矿段）的地质条件简单，均已探明地下地层及构造特征。矿区面积大小适宜为 1km²，是进行盐穴可储性研究、地面物探相对理想场区，故选择该矿典型系列井（孔）作为盐穴地面物探测试的试验靶区，进而建立盐穴稳定性数值计算模型。根据地面物探以及现场采井验证资料，试验区盐岩与泥岩相间互层，盐层与夹层数量多、单层厚度薄，导致地下溶腔形态极其复杂，剖面上呈现多个不规则的空穴群。

2. 互层状盐岩的渗透性能

互层状盐岩作为地下天然气储层，其厚度、结构、裂隙发育特征都不同程度地控制着气体的储集、渗透以及对围岩的破坏。为深入了解溶腔围岩的微观空隙特征，分别采集纯盐岩、纯泥岩夹层和互层状盐岩进行电镜分析。纯盐岩样品均为纯净无色晶体，其微观结构扫描图片表明盐岩的化学晶体特征明显，虽然内部伴有细小晶粒，但界面胶结致密，电镜下放大万倍仍未观察到任何空隙 [图 5-2（a）]。

将两种典型泥岩夹层分别放大 3000 和 5000 倍，电镜扫描图表明其微观结构较为粗糙 [图 5-2（b）]，夹层中不同的矿物成分均呈现颗粒结构。图 5-2（b）中左侧夹层主要由黏土矿物组成，晶体颗粒细小但形状明显，粒径大小为 1～2μm；右侧泥岩中的石英颗粒大都呈相嵌接触且排列衔接紧密，粒径为 2～5μm，粒间距小于 0.2μm，微观空隙仍然不很发育。

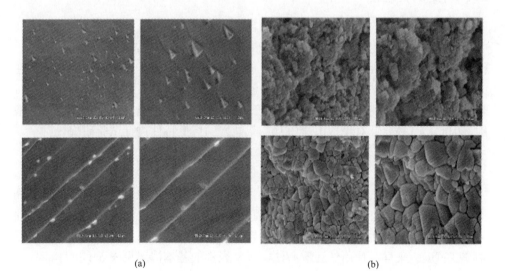

(a)　　　　　　　　　　　　　　　(b)

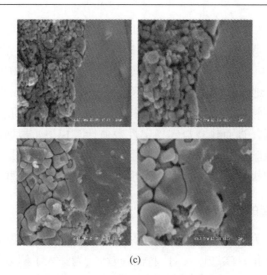

(c)

图 5-2　互层状盐岩微观结构电镜扫描图

(a) 盐岩电镜扫描图；(b) 泥岩夹层扫描图；(c) 盐岩-泥岩交界面扫描图

互层状盐岩结构相对复杂，电镜下盐岩-泥岩交界面处，泥质颗粒紧密黏结在界面中，两者胶结较为良好，无明显大缝隙出现[图 5-2 (c)]。由此可见，在互层状盐岩中，无论是盐岩还是泥岩夹层，或者是交界黏结面都具有致密低渗性能，可作为地下盐穴储气库的理想介质。

二、蠕变试验过程

自然界盐田中的层状盐岩大多为纯盐岩与碎屑岩相间叠置的互层状结构，其中碎屑岩常见的有泥岩、页岩、泥质粉砂岩、泥质细砂岩等，它们往往相间互层，构成独特的岩性组合特征。盐岩的一个重要特性就是具有良好的蠕变性，该特性又因其组成成分、试验方式以及样品来源而有所差异。岩石蠕变试验是研究岩石时效特征和变形规律的重要手段，也是研究蠕变本构模型以及确定蠕变参数的基础。因此，有必要针对平顶山盐田互层状盐岩的蠕变特性进行试验研究。

1. 试样制备

内部充满压力气体的盐穴溶腔，围岩的应力-应变及变化过程与岩石的三轴蠕变试验反映的情况相似。为了便于研究互层状盐岩的蠕变特性，在研究区内道$_1$井分别采集纯盐岩、泥岩夹层和互层状盐岩三种岩样，经室内加工后进行单轴和三轴蠕变试验。采样时使用钻孔取心法，三种岩样的基本情况见表 5-1。

表 5-1　三种岩石试样基本情况

试样编号	长度 L/mm	直径 d/mm	质量/g	密度/（g/mm³）	岩性描述
W6	190.9	87.3	2513	2.199	盐岩
W16	182.3	85.6	2221	2.117	盐岩
W10	186.0	85.2	2248	2.120	盐岩
W12-2	174	80.6	2101	2.367	互层状盐岩
165-20-1	223.0	89.4	3291	2.351	互层状盐岩
W12-1	210.2	90.0	3149	2.355	互层状盐岩
W28	174.2	90.0	3096	2.794	泥岩
W29	190.5	90	3399	2.805	泥岩
W9	185.2	90.3	3307	2.788	泥岩

2. 试验装置

本次蠕变试验采用安徽理工大学土木建筑学院冻土实验室的 WDT-100 型冻土试验机，试验机最大竖向加载能力为 100kN，数据量测精度 1%，实验温度可控制在 –40～+50℃，试验荷载和试验数据全部由计算机程序控制和采集。

3. 试验方案

本次试验分为单轴和三轴试验，进行单轴试验的试样编号分别为 W28、165-20-1、W6，轴压分别为 5MPa、10MPa、15MPa。三轴试验在两种围压下进行，围压 5MPa 时的差应力分别为 10MPa、15MPa、20MPa、25MPa，对应试样编号分别为 W16、W12-2、W29；围压 10MPa 时的差应力分别为 15MPa、20MPa、25MPa、30MPa，对应试样编号分别为 W10、W12-1、W9。蠕变试验均在恒温、恒湿条件下的专用实验室内进行，试验数据由控制计算机自动读取。

三、蠕变试验结果

1. 单轴试验分析

试验结果表明，单轴蠕变总体可分为初始和稳态两个阶段，试样均未出现加速蠕变。三种岩样在不同轴压作用下的初始蠕变持续时间均较短，此后为较长时间的稳态蠕变。盐岩的初始蠕变时间分别为 6.40h、17.02h、10.15h[图 5-3（a）]，互层状盐岩分别为 7.29h、19.63h、8.18h[图 5-3（b）]，泥岩分别为 5.84h、17.89h、12.05h[图 5-3（c）]。由此说明在轴压较小时，互层状盐岩的初始蠕变时间相对较长，而轴压较大时时间则较短，初始蠕变时间随着轴压的增加基本呈先增加后减小趋势。稳态蠕变持续时间较长，均超过 250h，并且在稳态阶段随着变形的增加，岩样逐渐出现破坏现象。互层状盐岩呈现出不同于其他岩样的破坏特征，首先是强度相对较高的泥岩产生轴向裂缝，随后扩展到盐岩并带动盐岩产生张拉裂缝。泥岩首先破坏是由于其变形能力低，与变形能力较大的盐岩协调变形时受到了附加的拉伸作用，因而首先拉张破坏。同时盐岩和泥岩的交界面处没有产生滑移破坏，说明两者胶结良好。

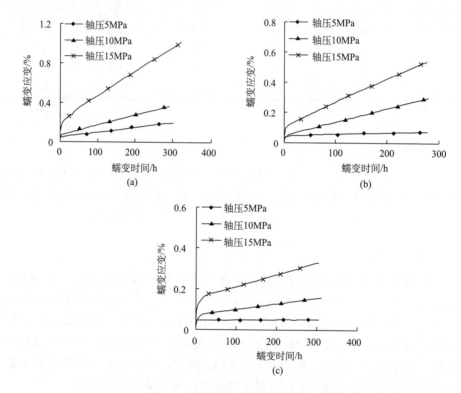

图 5-3　互层状盐岩单轴蠕变曲线

（a）盐岩 W6；（b）互层状盐岩 165-20-1；（c）泥岩 W28

　　图 5-4 表明单轴稳态蠕变率与轴压关系为非线性，其中盐岩和互层状盐岩在轴压超过 10MPa 后出现明显拐点。根据试验结果，盐岩单轴抗压强度平均值为 17.06MPa，出现拐点的蠕变应力约为抗压强度的 59%，表明当蠕变应力过大时盐岩损伤加剧，可能出现非线性蠕变现象；互层状盐岩初始蠕变在低应力时持续时间长，稳态蠕变率为盐岩的 1/5～1/2，同样条件下其变形比盐岩小；在相同轴压条件下盐岩的稳态蠕变率较高，互层状盐岩居中，泥岩最低，同时前两者基本在同一数量级并高于泥岩一个数量级。由此表明稳态阶段三者的变形能力，盐岩在稳态阶段对互层状盐岩的变形贡献较大。

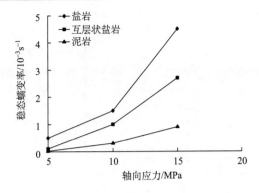

图 5-4　轴向应力与稳态蠕变率关系曲线

2. 三轴试验分析

三轴蠕变试验结果同样表明层状盐岩蠕变的两阶段性，包括初始蠕变和稳态蠕变，蠕变试验曲线如图 5-5 和图 5-6 所示。初始蠕变阶段和单轴状态相似，持

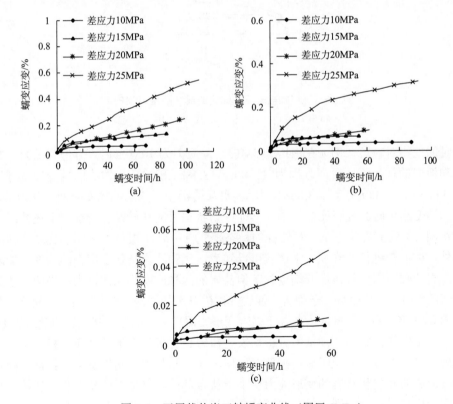

图 5-5　互层状盐岩三轴蠕变曲线（围压 5MPa）

（a）盐岩 W16；（b）互层状盐岩 W12-2；（c）泥岩 W29

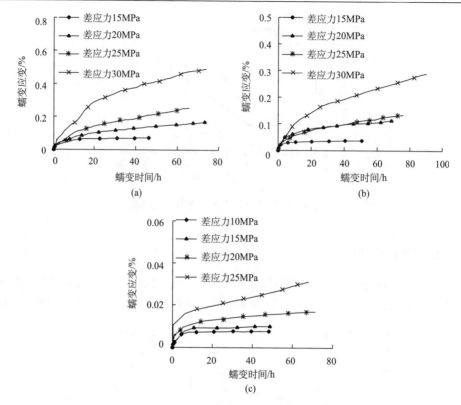

图 5-6　互层状盐岩三轴蠕变曲线（围压 10MPa）

（a）盐岩 W10；（b）互层状盐岩 W12-1；（c）泥岩 W9

续时间均相对较短，例如在围压为 5MPa、差应力为 10MPa 时，互层状盐岩、盐岩和泥岩的初始阶段时间分别为 15.40h、18.48h、18.16h，对应的蠕变应变分别为 $3.68×10^{-4}$、$3.08×10^{-4}$、$3.06×10^{-4}$，表明互层状盐岩的初始蠕变时间比盐岩长，初始蠕变结束时其变形比盐岩小，其他应力状态下的初始蠕变特征与上述情况基本相同。不同应力状态下三种岩样的稳态蠕变持续时间相对较长，一般大于 80h。另外，由前期进行的常规力学试验可以知道，三轴状态下随着应力的增加，盐岩与泥岩的轴向应变和体应变均增加，但盐岩的两种应变均比泥岩大。当应力达到峰值应力时，盐岩轴向大于泥岩。泥岩弹性模量是盐岩的 1.5 倍左右，泊松比是盐岩的 0.64 倍左右，相同应力条件下盐岩变形比泥岩大，而互层状盐岩的变形居中。

　　三轴蠕变试验和常规试验分析均表明盐岩具有延性变形的性质，稳态阶段岩样破坏时变形较大但无明显的破裂面出现，泥岩则呈现出脆性变形的特征，两者组合而成的互层状盐岩的变形能力要小于盐岩，试验中呈现的变形和破坏特征与前两者均具有较大区别，仍存在差异变形问题。三轴状态下互层状盐岩的蠕变变形仍主要由盐岩贡献，泥岩的存在对其长期变形具有一定的抑制作用。

图 5-7（a）和图 5-7（b）分别为围压 5MPa、10MPa 时稳态蠕变率与差应力关系曲线。图中曲线表明，三轴状态下相同围压时三种岩样的稳态蠕变率均随差应力的增加而增加。在围压一定时，差应力增加加快了岩石微裂纹的发展，从而加快蠕变速度。此外，三种岩样的稳态蠕变率对差应力的敏感度也有较大的差别，其中差应力对泥岩稳态蠕变率的影响远远大于盐岩，对互层状盐岩的影响居中。同时也表明在同等应力条件下，盐岩的稳态蠕变率较高，互层状盐岩居中，泥岩的稳态蠕变率最低且低于前两者一个数量级。由此表明在三轴状态下稳态阶段，互层状盐岩的蠕变变形主要由盐岩层贡献。

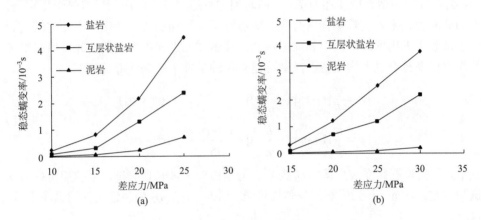

图 5-7　不同围压时稳态蠕变率与差应力关系曲线

（a）围压 5MPa；（b）围压 10MPa

图 5-8 为围压与稳态蠕变率关系曲线，表明围压对三种岩样的稳态蠕变率的影响均呈衰减趋势，盐岩的稳态蠕变率衰减程度最大，互层状盐岩次之，泥岩最小。当围压约小于 6MPa 时，稳态蠕变率随围压的增大而快速降低，围压大于 6MPa

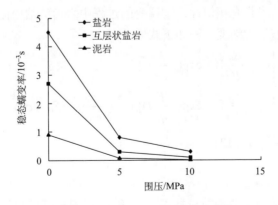

图 5-8　围压与稳态蠕变率关系曲线

时，随着围压的增大三种岩样的稳态蠕变率变化很小，因而当围压较大时可以忽略围压对稳态蠕变率的影响。结合三种岩样的抗压强度和变形特性，可以推断围压对蠕变的影响随着岩样强度的增加而减弱。

四、蠕变试验模型

1. 模型推导

根据互层状盐岩的蠕变曲线可知，在加载的瞬间变形为零，即不产生瞬时变形，随着时间的增长应变逐渐增加，同时当加载应力较小时应变最终趋于稳定值，当加载应力大于岩石长期强度时应变随着时间呈增加趋势，转化为不稳定蠕变。由于试验中未出现瞬时变形和加速蠕变，开尔文元件和理想黏塑性元件串联组成的蠕变模型符合以上蠕变特性，则可建立单轴条件下的蠕变方程如下：

$$\begin{cases} \varepsilon = \dfrac{\sigma}{E}[1-\exp(-\dfrac{E}{\eta_2}t)] & (\sigma < \sigma_s) \\[3mm] \varepsilon = \dfrac{\sigma}{E}[1-\exp(-\dfrac{E}{\eta_2}t)] + \dfrac{\sigma - \sigma_s}{\eta_1}t & (\sigma \geqslant \sigma_s) \end{cases} \tag{5-1}$$

式中，ε 为岩石蠕变应变量；σ_s 为岩石的屈服应力或长期强度，由前期常规力学试验确定，MPa；E 为岩石的黏弹性模量，MPa；η_1，η_2 为黏性元件的黏滞系数，MPa·h。

根据弹塑性力学理论，岩石在三轴应力状态下的应力张量 σ_{ij} 可以分解为球应力张量 σ_m 和偏应力张量 s_{ij}，同理应变张量 ε_{ij} 也可以分解为球应变张量 ε_m 和偏应变张量 e_{ij}，一般来说球应力张量只改变体积而不改变形状，偏应力张量只改变形状而不改变体积。为了建立三维状态下的蠕变方程可认为：①球应力张量不引起蠕变，只有偏应力张量引起蠕变；②各向同性岩石材料在拉压状态下的应力应变曲线和蠕变曲线具有相似性；③蠕变的过程中岩石的泊松比不随时间变化而变化，则三维状态下的蠕变方程如下式所示：

$$\begin{cases} e_{ij} = \dfrac{S_{ij}}{2G}[1-\exp(-\dfrac{E}{\eta_2}t)] & (S_{ij} < \sigma_s) \\[3mm] e_{ij} = \dfrac{S_{ij}}{2G}[1-\exp(-\dfrac{E}{\eta_2}t)] + \dfrac{S_{ij} - \sigma_s}{2\eta_1}t & (S_{ij} < \sigma_s) \end{cases} \tag{5-2}$$

式中，G 为剪切模量，MPa。

2. 参数拟合

单轴状态下需确定的参数包括 E，η_1 和 η_2，根据试验数据并参考前人模型参数确定方法，当 $\sigma < \sigma_s$ 时，采用 $Y = A[1-\exp(-Bt)]$ 的形式，利用 Matlab 程序

中的最小二乘法进行非线性回归来确定参数的取值，其中 $Y=\varepsilon$，$A=\sigma/E$，$B=E/\eta_2$；当 $\sigma \geqslant \sigma_s$ 时，可以采用 $Y=A[1-\exp(-Bt)]+Ct$ 的形式进行非线性回归，其中 $Y=\varepsilon$，$A=\sigma/E$，$B=E/\eta_2$，$C=(\sigma-\sigma_s)/\eta_1$。三轴状态与单轴时的拟合函数形式相同，$A$、$B$、$C$ 的形式有所变化，当 $\sigma<\sigma_s$ 时 $Y=e_{ij}$，$A=S_{ij}/2G$，$B=E/\eta_2$；当 $\sigma \geqslant \sigma_s$ 时 $Y=e_{ij}$，$A=S_{ij}/2G$，$B=E/\eta_2$，$C=(S_{ij}-\sigma_s)/2\eta_1$。首先赋予参数初值，然后由软件进行迭代运算得到拟合值，表 5-2 列出了三个互层状盐岩试样的参数拟合值。

表 5-2　互层状盐岩蠕变模型参数

试样编号	应力值/MPa	E/GPa	η_1/（GPa·h）	η_2/（GPa·h）
165-20-1	5	0.082	—	0.205
	10	0.221	4.444	0.500
	15	0.140	5.625	0.192
W12-2	10	0.291	—	0.505
	15	0.241	—	0.605
	20	0.612	14.000	2.236
	25	0.137	12.667	1.682
W12-1	15	0.443	—	0.953
	20	0.282	23.33	1.407
	25	0.464	17.27	1.930
	30	0.247	12.63	2.376

通过对比试验数据和蠕变模型可以看出两者吻合较好，证明该模型可以较好地模拟互层状盐岩的蠕变特性，体现了其两阶段性，参数拟合结果表明互层状盐岩的黏弹性模量随应力无明显变化规律。三轴状态下 η_1 随着差应力的增加明显呈减小趋势，η_2 则基本呈增加趋势。通过与其他区域内盐岩相比，平顶山盐田互层状盐岩黏弹性模量相对偏小，均小于 1GPa。本次试验三种岩样黏滞系数的对比表明，同样条件下互层状盐岩的黏滞系数 η_1 和 η_2 基本大于盐岩而小于泥岩，进一步说明盐岩的变形能力大于泥岩，对互层状盐岩的蠕变变形贡献最大。

第二节　地下溶腔形态三维探测

平顶山盐田工业储量十分丰富，经过近 20 余年的深部开采，形成了众多的采空溶腔，为地下储气库建设提供了宝贵的空间资源。然而，与国外厚层盐岩储层条件相比，平顶山盐田的地层结构比较独特，具有薄层状盐岩与薄层状泥岩相间互层而且埋藏较深等特点，因而造成十分复杂的溶腔储藏特征（丁国生、张昱文，

2010；王志荣等，2015）。本书研究内容属西气东输二线——平顶山盐穴储气库建设的前期工作，应用大地电场岩性探测法（CYT）与可控源音频大地电磁法（CSAMT）对平顶山地下盐岩溶腔的空间形态、几何大小与相互配置展开联合探测，为建立地下复杂盐穴的三维地质、力学立体计算模型提供依据，进而指导盐穴库址的规划和建设工作。

中盐皓龙马庄矿段年产 200 万 t 液体盐，采区面积约 1.01km²。盐岩呈互层状，赋存在古近系核桃园组中，岩性主要为盐岩夹泥岩，埋深均在 1000～2000m（图5-9）。由于中盐皓龙马庄五里铺盐矿段（以下简称"马庄矿段"）的勘探程度较高，均已探明其地层分布及构造特征。矿区地质条件简单，面积大小适宜（1km²），是进行地面物探的相对理想场所。故选择该矿段内典型的系列井（孔），作为地面物探进行盐穴探测的试验靶区，进而建立地下三维盐穴的地质、力学立体计算模型（赵志成等，2004；邵宝平等，2008；班凡生等，2012）。

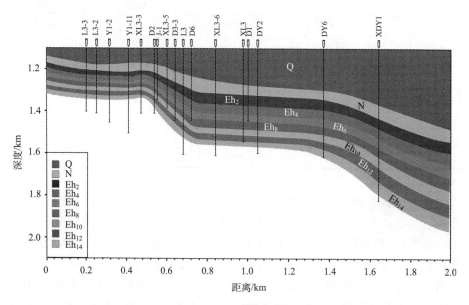

图 5-9　中盐皓龙采区盐井地质剖面图（彩图）

根据试验要求，本次地面物探分为初查与精查两个阶段，共布置测线 4 条，其中 CSAMT 法测线 3 条，呈"廿"字状分布，测点 55 个，剖面长 2080m；由于在 CSAMT 法 L_1、L_2、L_3 测线上发现大批视电阻率低值区，又加设 CYT 法测线 1条实施精确探测，测点 24 个，剖面长 920m（图 5-10）。

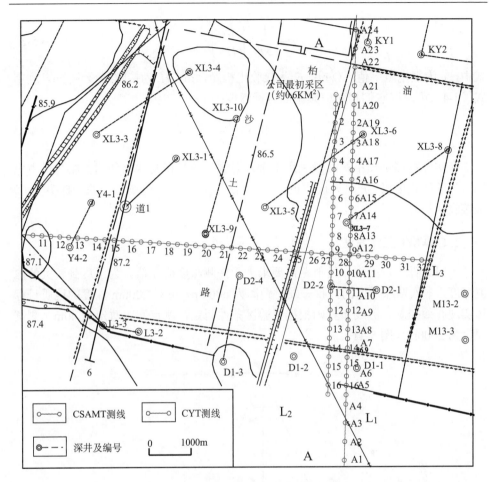

图 5-10　电磁法测线平面布置图（彩图）

一、CSAMT 地下溶腔探测方法

CSAMT 又称可控源音频大地电磁法，目前广泛应用于各种地质灾害超前预报与矿产勘查（黄力军等，2007；葛纯朴等，2007；李坚等，2009；宋国阳、刘国争，2009）。本书通过河南叶县盐岩溶腔储气工程实例，对深部（深度近 2000m）复杂地下空穴的探测做了初步的尝试。

1. CSAMT 工作原理

CSAMT 法是基于大地中普遍存在的电磁波传播规律，即趋肤效应。对于这一自然现象，下式可以反映它们在不同频率的视电阻率分布状况。

$$\rho = \frac{1}{5f} \times \left(\frac{E_x}{H_y} \right)^2 \tag{5-3}$$

式中，ρ 为视电阻率值，$\Omega \cdot m$；E_x 为接收电极距，m；H_y 为接收磁极距，m。利用式（5-4）可求取它们相对应频率的传播深度：

$$h = 503 \times \sqrt{\frac{\rho}{f}} \tag{5-4}$$

在实际物探工作中，一般利用 1 个发射源，并且在测线上使用 1 组与供电电场平行的接收电极（E_x）来接收电信号，同时使用 1 个与电场正交的磁探头（H_y）来接收磁信号。

2. CSAMT 工作方法

一般条件下，接收—发射距离要求大于探测深度的 4 倍。为了达到较大的探测深度，本次勘探采用的接收—发射距离为 6000m，可对 2000m 深度的地质目标体实现有效控制。测线布置则根据试验区条件而定，测点间距暂定为 40m，测试深度为 2000m（图 5-11）。

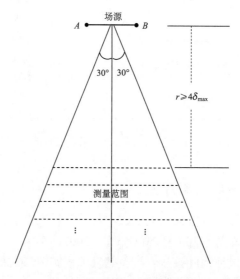

图 5-11　旁侧排列装置示意图

为了保证深部探测的可行性与精确性，本次 CSAMT 法探测试验采用目前国际上公认的，由美国 Zonge 公司生产的 GDP-32Ⅱ多功能电法仪。野外数据采集完成后，进行相应的一维和二维反演程序进行计算，最终获得相应的地球物理参数。

第五章　地下盐穴储气库围岩稳定性分析　　　　　　　　· 157 ·

3. CSAMT 探测结果

平顶山盐田马庄井田 D 系列井区域作为 CSATM 溶腔测试试验首选区，共布置测线 3 条：L_1 线、L_2 线、L_3 线，合计测点 55 个，点距 40m。为了初步查明地下溶腔的大致空间范围，3 条剖面线总体成十字交叉布置，即 L_1 与 L_2 平行，成南北向；L_3 与其垂直成十字交叉，成东西向，测线总长 2080m（图 5-10）。

从 L_1、L_2、L_3 线在 –1400～–1000m 深度的视电阻率对比情况看（图 5-12），三线视电阻率背景值均较低，大约在 0～16Ω·m，总体反映了较大范围内盐岩的低异常特征。而 L_1 与 L_2 线在该深度横向上出现明显梯度，即 L_1 北部和 L_2 南部分别存在一个不连续的低阻区。造成短距离内视电阻率出现较大差异的原因，通常是地下水作用的结果，故推测为疑似地下含水溶腔群。L_3 线呈现大面积低阻，表明盐田在该方向存在条带状溶腔群。值得注意的是，L_1、L_2、L_3 剖面的低阻区均延伸至第四系，说明古近系岩盐溶腔及局部围岩的空隙特征与第四系土壤相同，今后应注意气体渗透问题（陈卫忠等，2009）。

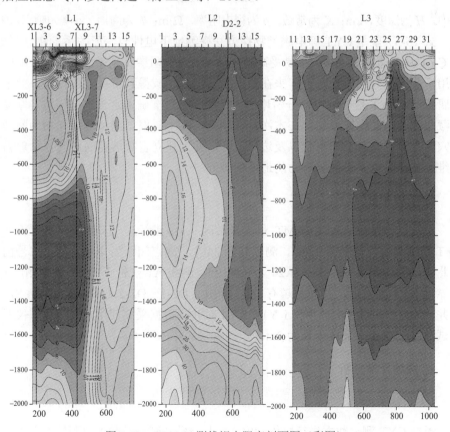

图 5-12　CSAMT 测线视电阻率剖面图（彩图）

二、CYT 地下溶腔探测方法

大地电场岩性探测法（简称 CYT）是我国具有自主知识产权的，一种利用天然大地单一电磁场场量进行勘测的频率域电磁法（杨庆锦、王招香，1999；陈志平等，2010），其使用场源与 MT、AMT 相同，均为交变电磁场。探测原理也较为简单，即根据交变电磁场在地层中的传播趋肤效应，利用不同频率电磁波具有不同穿透能力的特性，首先在地面进行观测接受信息，然后经计算来查明地层视电阻率 ρ 的垂向变化，以此推测地下岩性与构造等地质状况。

众所周知，一定频率的电磁波场具有一定的穿透能力：高频电磁场穿透能力弱，平均效应涉及范围小；低频电磁场穿透能量强，平均效应涉及范围大。CYT 利用的是频率在 0.001～1000Hz 长波部分。由趋肤深度理论确定的深度与电阻率及频率（周期）关系式：

$$H = \frac{\sqrt{K\rho T}}{2\pi} = \frac{\sqrt{K\rho / f}}{2\pi} \tag{5-5}$$

式中，H 为深度，km；K 为常数；ρ 为视电阻率，$\Omega \cdot m$；T 为周期，s；f 为频率，Hz。

式（5-5）就是 CYT 等电磁类物探方法探测地下电性与深度关系的物理基础。因 CYT 具有探测深度大，不易受高阻层屏蔽，对低阻层特别敏感等特点，除广泛应用于我国油气部门外，近年来在众多地下工程领域得到重视并取得较好效果。毋庸置疑，CYT 是一种电信分辨率高，且能够相对准确确定含水层层位、厚度及埋藏深度的地面物探方法。在本次盐穴勘查实践中，根据测试数据能精确圈画出盐穴的几何形态、空间组合以及边界条件，并为建立岩盐溶腔的地质、物理力学三维立体计算模型提供强有力的地质保障。

1. 工程布置

根据试验要求，对 CSAMT 最大异常区 L_1 线进行进一步勘探。共布设一条 CYT 精细测线，长度为 920m，测点共计 24 个，测点间距为 40m。测点编号由南向北依次为：A1，A2，…，A24（图 5-10）。测线 A1 点位于 D1-1 孔南侧，A24 点靠近 KY1 孔附近，其间跨越有 D1-1 单井、D2-1～D2-2 对井、XL3-7～XL3-8 对井、XL3-5～XL3-6 对井和 KY1～KY4 对井。数据采集使用 CYT--Ⅳ型仪器，测试深度 1500m，采样步长为 2m。

2. 曲线异常分析

1）层位确定

根据 CYT 测试数据进行层位标定，就是将钻孔旁测试数据对照钻探揭露岩层埋深或标高资料，在某岩层埋深处查看对应曲线特征。本次 CYT 测线通过处有多个钻孔资料可用于层位标定，为数据解释奠定了良好基础。

以 D1-1 孔为例。该孔揭露新近系上寺组底埋深 420m；古近系廖庄组底埋深 1066.5m；古近系核桃园组含膏泥岩底埋深 1110.7m；含膏泥岩下为近 290m 的盐岩与泥岩互层，是马庄矿区主要的开采层段，其埋深 1110.7～1400m。都为较松散、固结程度相对差的古近系、新近系、第四系岩层。

从距 D1-1 孔约 22m 的 A6 点测试曲线看，在 420m 附近曲线存在一低频波峰，其上波形相对圆滑，其下波形相对为折线状，圆滑成分较低。由此作为划分新近系与古近系的分界特征。按此模式对其他层段岩层进行标定，均可在层段界面处发现有明显的频率差异现象。根据曲线中频率变化，确定了各主要岩层的曲线特征和分界面特征。

２）层位追踪

依据 CYT 曲线特征，可进行层位追踪与解释。由于本次测线穿越段附近有多个钻孔资料可以辅助进行层位标定，为盐穴的准确定位和追踪，起到了很好的指导和校正作用，保证了层位追踪的准确性和可靠性。

３）盐穴的识别

盐穴的识别是在盐岩层解释基础上进行的。本次试验表明，盐岩溶腔及其围岩电磁信息反馈的数据具有一定规律性，即盐岩与泥岩互层，其完整性与岩体质量较好，ρ_s 值可达 40～15 Ω·m；盐岩和含水盐穴一般表现为电阻率的低异常，ρ_s 值仅为 0～5Ω·m；无水盐穴则表现为视电阻率的略低异常，为 5～15Ω·m。考察垂向上的连续探测曲线，在盐岩赋存层位对应处，若曲线频率变低、振幅增高、曲线变圆滑，则该段为盐穴，其波形与正常盐岩层曲线特征——低振幅、折线状特征是不一致的。

3. 盐穴异常解译

针对盐田盐穴特征对 5 个（D1-1、D2-1～D2-2、XL3-5～LX3-6、XL3-7～LX3-8、KY1～KY4）采井附近的曲线分析后认为，有 10 个测点曲线有盐穴特征。受页面限制剖面不能按比例显示，为看清异常细部，删去了含膏泥岩以上层段，并对保留层段曲线纵向拉伸，这使曲线频率人为改变显得较低，特此说明。

１）盐穴水平范围

测线控制范围，共跨越或靠近 5 个单井或对井。盐穴或对井盐穴通道半径在 22～60m，其中：D1-1 井的盐穴半径在 22～48m 变化，特征是上部（深度在 1147～

1278m）盐穴半径小于下部（1300～1363m）；D2-1 井的盐穴半径在 8～32m 间变化，盐穴上部（深度在 1176～1309m）空穴厚度较大；LX3-7 井盐穴半径在 15～53m 间变化，盐穴特征为各盐穴层厚度不大，较为分散，相对讲中部（深度在1278～1358m）的盐穴厚度较大；XL3-6 井盐穴半径在 27～32m，该盐穴特征为盐穴层分散、厚度小；KY1 井盐穴半径在 30～60m，特征是盐穴层厚度小，层位分散，有向 A24 点方向增厚的趋势。

2）盐穴深度范围

D1-1 井的盐穴深度在 1148～1369m，高度大于 220m；D2-1～D2-2 对井的盐穴深度在 1176～1409m，高度大于 233m；LX3-7～XL3-8 对井的盐穴深度为 1193～1424m，高度大于 231m；XL3-6～XL3-5 对井的盐穴深度为 1196～1356m，高度大于 160m；KY1～KY4 对井的盐穴深度为 1252～1405m，高度大于 153m。

了解各测点曲线特征后，进一步实施分段追踪解译，则得到相应的岩电剖面（图 5-13）。图 5-13 显示，CYT 测线 A 控制段（核桃园组）岩层向北倾斜，盐穴的空间形态极其复杂，剖面上呈现若干不规则的空穴群，单个溶腔体积较小，且没有呈现典型的向顶部收敛的壶穴状。运用 CYT 法解释的含盐岩地层及盐穴的分布与钻孔揭露的互层地质情况基本吻合，为建立岩盐溶腔的计算模型提供了强有力的地质保障。由此可知，CYT 能较细致地反映出盐岩溶腔位置及范围，若采用较为密集的测网，预计能勾绘出更精确的盐穴三维立体形态，可以为进一步建立地质模型与计算模型提供技术支持。

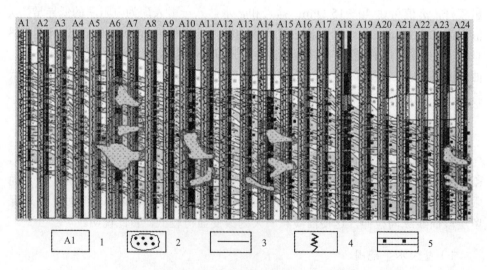

图 5-13 A 线地下盐岩溶腔分布解译图（彩图）

1. 测点；2. 地下盐穴；3. 岩层界线；4.CYT 测深曲线；5. 盐岩夹层

实践证明，"大地电场岩性探测法（CYT）"与"可控源音频大地电磁法（CSAMT）"联合工作，不失为一种较好的深部空穴探测方法。CSAMT 作为一种便利高效与辅助验证的地面物探方法，可大致推测地下深部空穴的分布范围，尤其是对充满地下水的空穴，其探测效果更好；CYT 作为一种精细探测手段，对地下盐穴甚至深部大型空穴探测显示出巨大的优越性，展示出其良好的应用前景和发展潜力。

第三节 地下溶腔变形数值分析

一、盐岩试验参数

1. 互层状盐岩蠕变试验

为获取盐岩和泥岩的单轴抗压强度、弹性模量、泊松比等力学参数，分别对两种岩样进行单轴压缩试验。单轴压缩试验采用应变速率控制，加载应变速率均为 $2.5 \times 10^{-5} s^{-1}$，试验温度为 20℃，试样应力应变曲线如图 5-14 所示。

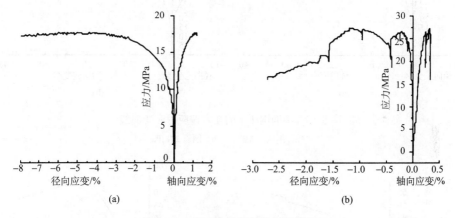

图 5-14 互层状盐岩单轴压缩曲线
（a）盐岩；（b）泥岩

从试验结果可以知道，泥岩的平均抗压强度为 21.54MPa，平均弹性模量为 10.18GPa，平均泊松比为 0.230；盐岩的平均抗压强度为 19.80MPa，平均弹性模量为 6.67GPa，平均泊松比为 0.362。在单轴压缩条件下比较两种岩石试样的单轴压缩应力应变曲线可以知道，当应力达到峰值应力时，盐岩轴向应变较大，泥岩较小。泥岩弹性模量是盐岩的 1.5 倍左右，泥岩的泊松比是盐岩的 0.64 倍左右。因此层状盐岩在单轴压缩应力下，无论是轴向变形能力还是体积扩容能力，其变形主要由层状盐岩中的盐岩层贡献。而从应力应变曲线特征来看，在达到峰值应力之前，夹层的应力应变曲线近于直线，体现出脆性变形的特征。因此当两者组成软硬互层两相复合盐岩体时，其中的夹层将对盐岩的变形能力起到重要的控制作用。

　　在三轴压缩作用下，盐岩与夹层的力学差异更加明显，不同围压下的盐岩和泥岩夹层偏应力应变曲线分别如图 5-15 和图 5-16 所示。与强度高、横向变形能力弱的夹层相比，这种强度低、横向变形强的特征会导致盐岩与其夹层交界面上出现变形不协调现象，从而影响溶腔的致密、稳定及安全性。在三轴应力作用下，随偏应力的增大，盐岩与泥岩夹层的应变均增加，但在相同载荷作用下，二者的应变差异越趋明显。从试验结果可以得到岩石基本力学参数如表 5-4 所示。

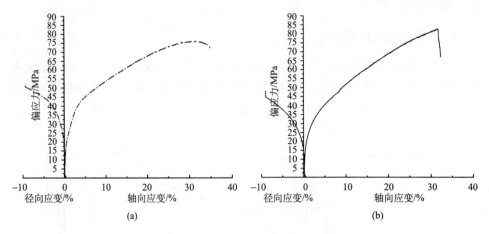

图 5-15　不同围压下的盐岩偏应力应变曲线

（a）围压 10MPa；（b）围压 20MPa

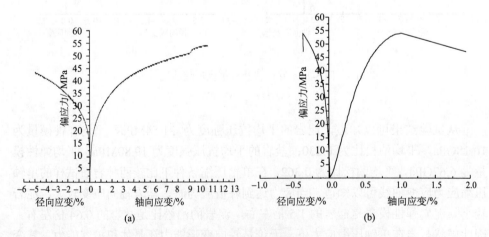

图 5-16　不同围压下的泥岩夹层偏应力应变曲线

（a）围压 10MPa；（b）围压 20MPa

2. 等效模型参数

平顶山盐岩层呈现出盐岩层数多、单层厚度薄、盐岩体中一般含众多夹层的典型特征（如泥岩层等），其一般为盐岩中含有不同厚度水平泥岩夹层和盐岩层交替出现的互层盐岩体。如果考虑全部夹层会极大地增加问题的复杂性和分析难度，于是在关键的部位按特殊单元处理，在其他部位用等效的均质单元代替。取单位微元块（图 5-17），设泥岩夹层厚度为 β（$\beta =0.4$），则盐岩厚度为 $(1-\beta)$，下面给出这种等效单元的弹性常数，其中变形模量为 8.07GPa，泊松比为 0.31。

$$E_x = E_y = (1-\beta)E_s + \beta E_m \tag{5-6}$$

$$\mu = (1-\beta)\mu_s + \beta\mu_m \tag{5-7}$$

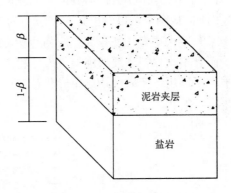

图 5-17　含夹层盐岩体单元

根据蠕变试验曲线特征，选取时间硬化的幂律模型及蠕变应变速率为

$$\dot{\varepsilon}^{cr} = A(\overline{\sigma^{cr}})^n t^m \tag{5-8}$$

式（5-6）对时间积分得蠕变应变与时间和等效蠕变应力的关系为

$$\varepsilon^{cr} = \frac{A(\overline{\sigma^{cr}})^n t^{m+1}}{m+1} \tag{5-9}$$

其中等效蠕变应力 $\overline{\sigma^{cr}}$ 在单轴压缩条件下为式（5-10）所示：

$$\overline{\sigma^{cr}} = \frac{q - p\tan\beta}{1 - \frac{1}{3}\tan\beta} \tag{5-10}$$

$$\tan\beta = \frac{\sqrt{3}\sin\varphi}{\sqrt{1 + \frac{1}{3}\sin^2\varphi}} \tag{5-11}$$

式中，A、n、m 为蠕变参数；$\dot{\varepsilon}^{cr}$ 为蠕变应变速率；ε^{cr} 为蠕变应变；t 为总时间；

p 为平均主应力；q 为广义剪应力；β 为屈服面在 p-t 应力空间上的倾角；φ 为摩擦角。选取不同偏应力蠕变试验曲线上不同时间的代表点得到不同时刻、不同等效蠕变应力下的蠕变应变，代入式（5-7）即可求得蠕变参数 A、n、m（表5-3）。

表5-3　互层状盐岩蠕变模型参数

岩性	A	n	m
泥岩	3.25×10^{-8}	1.86	−0.601
含夹层盐岩	2.80×10^{-9}	1.48	−0.268
盐岩	8.96×10^{-10}	2.44	−0.340

图5-18是含夹层盐岩体单元在围压为10MPa,不同差应力作用下三维数值模拟与三轴蠕变实验结果对比。从图中可以看出只在差应力为15MPa的初始蠕变阶段，模拟结果与实验结果有较大误差。在较高差应力和稳态蠕变阶段，模拟结果与实验结果相差很小，而且本次模拟主要考虑储气库在稳态蠕变阶段的溶腔体积蠕变量和蠕变影响范围，所以用该等效的均质单元代替互层状盐岩体，进而分析溶腔的体积蠕变减缩是可行的。

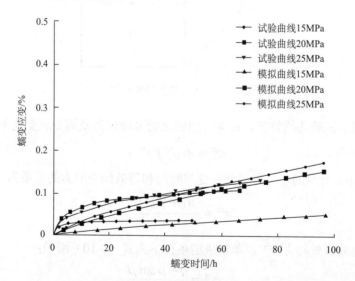

图5-18　含夹层盐岩体单元数值模拟与实验结果对比

二、溶腔缩减的数值模拟

1. 计算模型

ABAQUS是功能强大的非线性有限元软件,可以对复杂的岩土力学问题进行分析，尤其对庞大复杂问题驾驭性较好以及能较好解决高度非线性问题的模拟。根据马庄井田地下盐岩溶腔地面物探结果，并参考邻近的原有高分辨二维地震勘探资料，对盐岩腔体进行适当的简化（图 5-19）。图 5-19 为拟分析盐岩腔体储气库剖面形状，其上部为一半球体，下半底部为一半椭球体，中间为锥体连接，顶板和底板为盐岩体，溶腔范围内用等效复合单元替代。腔体中心深度位于地层1290m 处，计算区域地层深度 1100～1480m 即 380m 高度的范围，模型水平面区域范围为 240m×240m，上覆 1100m 厚度岩层的重量转化为荷载作用于模型上表面，其余边界面为法向位移约束边界。分别考虑溶腔在不同内压作用下的蠕变演化规律。由于所选区域为轴对称，选取 1/4 腔体进行分析。

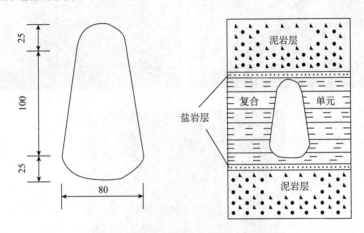

图 5-19　溶腔剖面形状图和岩层分布

有限元软件虽然具有良好的非线性分析功能，内置蠕变规律应用范围广，但对不同岩性的针对性不强。为了更好地体现盐岩的蠕变特性，将通过岩石试验建立的蠕变模型利用 Fortran 语言编程后导入到有限元软件中进行沉降计算分析。岩石的力学参数采用试验结果，具体见表 5-4。

表 5-4　岩层基本力学参数

岩性	变形模量/GPa	泊松比 μ	黏聚力/MPa	内摩擦角/(°)
盐岩	6.67	0.362	15.23	26.3
泥岩	10.18	0.230	15.63	15.7

2. 计算结果

1）围岩蠕变分析

图 5-20 为 5 年后溶腔围岩蠕变变量分布图，在不同内压 4MPa、8MPa 和 12MPa

作用下，蠕变应变的影响范围大致相同，均为洞室半径的 1.5 倍左右，且最大蠕变应变位于溶腔半径最大处。随着内压的增大，蠕变应变最大值反而减小，在 8MPa 状态下达到最小值。当内压增加至 12MPa 时，蠕变应变最大值又逐渐增加，但又很快稳定在一个较小值。总体来看，内压从 4MPa 增大到 12MPa，蠕变应变最大值相应减小 40%。

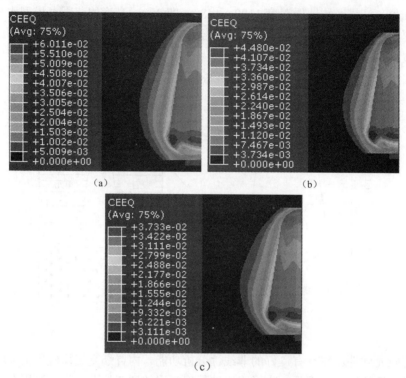

图 5-20　不同内压下腔周蠕变等值图（彩图）

（a）4MPa；（b）8MPa；（c）12MPa

　　此外,溶腔水平半径最大处的蠕变应变应力变化也呈现一定的规律(图 5-21)。当内压分别为 4MPa、8MPa 和 12MPa 时，随时间的增长，经过盐岩的蠕变，盐岩体中的应力势能逐步转化为变形能，洞周及附近的应力集中得以释放，从而导致洞室周边围岩的应力逐渐低于原岩初始应力。与此同时，在较高内压如 12MPa 与 8MPa 作用下，腔周围岩很快进入稳态蠕变阶段，蠕变速率迅速减小，主要变形集中在 1 年内完成，2.5 年左右蠕变应变已基本终结；但在低压 4MPa 条件下，稳态蠕变速率和蠕变量都有所增加，稳态蠕变时间也有所增长，5 年后蠕变应变仍在稳定增加。

2）围岩黏滞系数分析

图 5-22 为不同储气压力下溶腔围岩的黏滞系数 η 随时间 t 的变化关系曲线。与 12MPa、4MPa 内压相比较，8MPa 内压作用下的围岩 η 值有相当程度的提高，这说明一定的储气压力能有效地阻止围岩黏塑性区随时间的发展，使黏塑性区围岩的流动度大为降低。

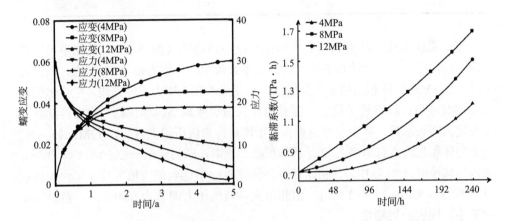

图 5-21　水平半径最大处的蠕变应变　　图 5-22　不同内压下围岩黏滞系数曲线
　　　　　和应力变化曲线

从图 5-22 还可知，8MPa 内压条件下的 η 值随时间推移基本呈线性增加，而 12MPa 与 4MPa 内压条件下的 η 值随时间推移基本呈非线性增加，且增长的幅度要比 8MPa 相应值大。暗示地下储气库使用时间越长，高压与低压状态下的围岩变形也越来越趋于稳定。

3）溶腔缩减分析

为揭示溶腔缩减与盐岩蠕变的时空耦合关系，假设体积减小量与初始腔体体积的比值为体积收缩率，溶腔变形时，基本形状保持不变，即上部为半球体，中部为圆台，下部为半椭球体。根据模拟结果知道各部分特征点的位移随时间的变化关系，由此计算出溶腔体积随时间的变化结果如表 5-5 所示。

表 5-5　不同内压下溶腔体积随时间变化结果

时间	溶腔体积/m³		
	4MPa	8MPa	12MPa
初始值	454221.31	454221.31	454221.31
1 年后	440620.38	441475.12	442295.44

时间	溶腔体积/m³		
	4MPa	8MPa	12MPa
2 年后	435653.97	438115.59	440274.13
3 年后	432715.38	437022.14	440232.22
4 年后	430995.56	436946.16	440470.47
5 年后	430010.25	436522.55	440783.94

将结果绘制成曲线得到盐岩腔体体积减小趋势图（图 5-23）。从图中可以看出在不同内压下，初始阶段的体积收缩速率大致相同，均为每年 3%左右。内压较大时（如 8MPa）体积收缩率为最低值，且变形约在 1 年内已经完成，之后体积收缩率逐渐减小，最终趋于稳定。随着内压的增加或减小，体积蠕变收缩持续时间均表现为增长态势，体积收缩总量也有所增加；当内压较大时（如 12MPa），初始蠕变与体积收缩率有所增大，2 年后体积收缩速率逐渐稳定至一较小值，约为 3.5%；当内压较小时（如 4MPa），初始蠕变与体积收缩率达到最大值，其 5 年内的体积收缩率约为 8MPa 时的 1.8 倍。由此可见，储气压力调节为 8MPa 时，溶腔缩减量最小，围岩最为稳定。

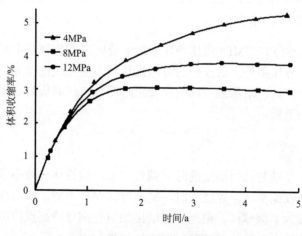

图 5-23　盐岩溶腔体积收缩率

第四节　储气库地面沉降的数值分析

盐岩地下溶腔因其安全经济的特点在能源存储和有毒工业废气的处置方面具有良好的应用前景，已经逐步成为能源储备领域的研究热点。目前国内外已经建成了许多盐岩储气库（丁国生、张昱文，2010），大量监测资料表明，盐岩蠕变导致的沉降问题对储气库的安全稳定具有很大的威胁（Bérest et al.，1999；Forest et al.，2001）。许多学者也对储气库的沉降问题进行了相关的研究，盐穴储气库地表沉降量分为建造和运营两个不同的时期进行分别计算（王同涛等，2011），盐穴储气库地表动态沉降量随着造腔速率、埋深、直径、高度和时间增加而增加，随着内压增加而降低、内压、埋深、直径和时间对盐穴储气库地表动态沉降量影响比较显著，而造腔速率和高度对其影响不显著。同时，储气库破坏后地面沉陷的规律也具有十分重要的研究意义，岩层的角度以及断层等均对沉降具有影响作用，多溶腔储气库地表沉降具有叠加效应（任松等，2009）。正常运行状态下，随储气内压增大，储库群塑性区范围及腔周矿柱单元失效概率逐渐减小（刘健等，2011），随储气库间距减小，塑性区范围及矿柱单元失效概率均明显增大。另外，地面沉降的风险也可以采用风险失效概率（张宁等，2012）来进行评估，能够为盐矿区地面设施风险安全控制提供理论依据。

目前关于盐岩储气库地表沉降的计算方法并没有形成成熟的方法系统，现有研究都是从传统的经典理论出发进行计算，比如改进的概率积分法和拟合函数法等（任松等，2007）。一般都是利用地表监测数据和沉降剖面线形状假设相近的函数和参数，并通过统计学方法评价影响因素的影响效果。在理论方法不够成熟、现场监测资料缺乏时，数值分析是研究盐岩储气库地表沉降的重要手段（陈锋等，2006）。

与国内外厚盐丘型储层条件相比，平顶山盐田的地质条件十分特殊，表现为盐岩与泥岩相间互层，且具有盐层与夹层数量多、单层厚度薄、埋藏深等特点，因而造成较为复杂的互层状盐岩力学特性。本书基于盐岩蠕变试验，采用 Fortran 语言将蠕变模型程序化并且导入有限元软件，对河南平顶山薄层状盐岩储气库的地面沉降规律进行了研究，为储气库的建设和沉降控制提供数据参考。

一、生长曲线法

1. 模型建立

由溶腔的几何特征与岩石蠕变试验结果可知，互层状盐岩作为一种层状组合体系，采后遗留溶腔的空间形态极其复杂，传统的线性地表沉降计算方法和模型，已无法满足由多层复合蠕变引起的非线性地面沉降的预测需求。因此，一些学者将生物学领域用于描述生物群体发展的生长曲线引入到地面沉降的计算分析中，取得了较好的效果（陈锋，2006）。

鉴于平顶山盐田开采技术条件复杂，地面群井具有动采特征（王志荣等，2015），故本书采用 Schnute 于 1981 年提出的生长模型曲线作为地面沉降曲线的对比模型，从而推导出地表沉降函数。设 $S(t)$ 为某点沉降量大小，沉降速率为 $\dfrac{\mathrm{d}S}{\mathrm{d}t}$，

相对沉降速率为 $Z = \dfrac{1}{S}\dfrac{\mathrm{d}S}{\mathrm{d}t}$，则 $\dfrac{1}{Z}\dfrac{\mathrm{d}Z}{\mathrm{d}t}$ 可以假设为 Z 的一次线性函数：

$$\frac{1}{Z}\frac{\mathrm{d}Z}{\mathrm{d}t} = -(a+bZ) \tag{5-12}$$

进行运算整理后可得

$$\frac{\mathrm{d}^2 S}{\mathrm{d}t^2} = \frac{\mathrm{d}S}{\mathrm{d}t}\big[(1-b)Z - a\big] \tag{5-13}$$

即沉降加速度与沉降速率和相对沉降速率的一次函数成比例，其中 a，b 是任意常数，式（5-12）可以看做关于未知函数 Z 的微分方程，改写为可分离变量的微分方程形式为

$$\frac{1}{a}\left(\frac{b}{a+bz} - \frac{1}{Z}\right)\mathrm{d}Z = \mathrm{d}t \tag{5-14}$$

对上式进行积分并将初始条件为 $t = T_1$，$Z(T_1) = Z_1$ 代入上式可以得到：

$$\frac{1}{a}\ln\left(\frac{a+bZ}{Z}\frac{Z_1}{a+bZ_1}\right) = t - T_1 \tag{5-15}$$

从上式可以求得 $Z(t)$：

$$Z(t) = \frac{\mathrm{d}\ln S}{\mathrm{d}t} = \frac{aZ_1 \mathrm{e}^{-a(t-T_1)}}{a+bZ_1\big[1-\mathrm{e}^{-a(t-T_1)}\big]} = \frac{1}{b}\frac{\mathrm{d}}{\mathrm{d}t}\ln\big[a+bZ_1\big(1-\mathrm{e}^{-a(t-T_1)}\big)\big] \tag{5-16}$$

对上式进行积分，并将初始条件 $t = T_1$，$S(t) = s_1$ 代入可以得到：

$$S(t) = s_1 \left[\frac{a+bZ_1\big(1-\mathrm{e}^{-a(t-T_1)}\big)}{a}\right]^{\frac{1}{b}} \tag{5-17}$$

将边界条件 $t = T_2$，$S(t) = s_2$ 代入上式，可以得到 Z_1：

$$Z_1 = \frac{a\big(s_2^b - s_1^b\big)}{bs_1^b\big(1-\mathrm{e}^{-a(T_2-T_1)}\big)} \tag{5-18}$$

将 Z_1 代入到式（5-17）中可以得到微分方程（5-12）的解为

$$S(t) = \left[s_1^b + (s_2^b - s_1^b)\frac{1-\mathrm{e}^{-a(t-T_1)}}{1-\mathrm{e}^{-a(T_2-T_1)}}\right] \tag{5-19}$$

在生长曲线模型中，T_1 和 T_2 分别表示生物体在生长期开始和结束时的年龄；S_1 和 S_2 分别对应年龄为 T_1 和 T_2 时生物体的大小；a 代表生长速率的加速度常数；b 代表生长速率的加速度增长参数。那么在地表沉降的研究中，我们可以类比地认为，T_1 和 T_2 分别表示沉降监测期内的初始时间和结束时间；S_1 和 S_2 分别对应

时间为 T_1 和 T_2 时沉降量的大小；a 代表沉降速率的加速度常数；b 代表沉降速率的加速度增长参数。式（5-19）经过进一步的运算整理后可以得到：

$$S(t) = (\alpha + \beta e^{\gamma t})^{\delta} \tag{5-20}$$

其中：

$$\alpha = s_1^b + \frac{s_2^b - s_1^b}{1 - e^{-a(T_2 - T_1)}} , \quad \beta = \frac{e^{aT_1}(s_2^b - s_1^b)}{1 - e^{-a(T_2 - T_1)}}$$

$$\gamma = -a , \delta = \frac{1}{b} \tag{5-21}$$

2. 参数确定

通过对平顶山盐田马庄盐矿 D 系列试验区 18 个地面井位的实际监测，不难发现三个月时间内大部分观测点的沉降变化已经超过 5mm，部分观测点的沉降变化大于 10mm（表 5-6）。根据野外调查资料，目前尚未发现崩塌、滑坡、泥石流等地质灾害，也未发现地面裂缝与塌陷等极端沉降现象。因此，可以采用最小二乘法对表 5-6 中的监测结果进行拟合得到模型参数。

表 5-6　中盐皓龙采区地面沉降监测结果

点号	对应井编号	第一次观测高程（2012 年 10 月）	第二次观测高程（2013 年 1 月）	沉降量 /mm
F04	XL3-5	86.28716	86.27813	−9.03
F06	D1-1	86.40511	86.40384	−1.27
F07	KY1	85.49217	85.49025	−1.92
F10	Y4-2	86.80677	86.80514	−1.63
F11	XL3-11	85.07725	85.07669	−0.57
F12	Y4-1	86.56390	86.56304	−0.86
F13	D2-4	86.51939	86.51597	−3.42
F14	矿部 2	85.42610	85.42372	−2.38
F15	XL3-4	86.12947	86.12683	−2.64
F16	XL3-3	86.25990	86.25781	−2.09
F21	D2-2	86.17357	86.16934	−4.23
F22	L3-2	87.00461	87.00152	−3.08
F24	355-1	85.05283	85.05164	−1.19
F25	XL3-7	86.33719	86.32416	−13.03
F26	D1-2	86.61543	86.61339	−2.03
F28	XL3-10	85.89913	85.89437	−4.76
F30	XL3-6	86.21225	86.20820	−4.06
F31	XL3-8	85.67296	85.66403	−8.93

由沉降公式：$S = (\alpha + \beta e^{\gamma t})^{\delta}$，设初始沉降时间为第一次观测时刻，于是有 $T_1 = 0$，$T_2 = 0.25a$；又设第一次观测时的初始沉降量 S_1 为零，则两次观测的高差即为第二次观测时的沉降量 S_2。

式（5-20）中的 α 和 β 可以经过计算得出，输入观测沉降值后设定未知参数的初值，则可以经过计算得到最优拟合效果的参数 γ 和 δ 的值。将 γ 和 δ 值代入式（5-21），最终得到模型中的参数为 $a = -0.1245$，$b = 0.0521$。

3. 计算结果分析

基于 Schnute 生长曲线的沉降计算模型实际上是沉降时间的函数，分别取时间为 5a、10a、15a、20a、30a，可以经过计算得到地面沉降随时间的变化曲线图，如图 5-24 所示。沉降曲线图表明不同蠕变时间下沉降的变化趋势一致，呈 S 形曲线变化，蠕变 5a、10a、15a、20a、30a 之后对应的沉降量分别为 26.4mm、50.4mm、58.5mm、61.9mm、65.1mm。另外沉降随时间变化趋势还表明在 2～10 年时间段内是地面沉降迅速增加的时期，在第 6 年具有最大的增长速度，15 年之内大部分沉降已经完成，之后增长十分缓慢，逐渐趋于稳定。

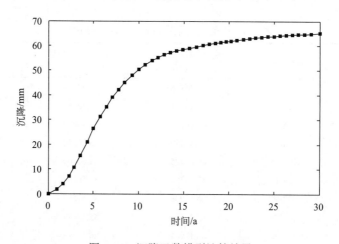

图 5-24　沉降函数模型计算结果

储气库地表沉降的影响因素很多，并且一般埋深较大，上覆岩层的性质复杂多变，对地表沉降的产生和发展变化具有较大的影响，盐岩溶腔的蠕变应该是主要因素。传统的概率积分法等计算方法假定岩层的弯曲下沉过程是连续的，即沉降曲线、沉降速度曲线和加速度曲线均是连续可导的，而一旦岩层中含有裂隙断层等薄弱地带时就会破坏沉降变化的连续性，因此数学方法计算沉降时假定上覆岩层是均一的弹塑性体，变形具有连续性。根据该模型的推导过程可以发现，该模型适用于沉降曲线、速率和加速度连续变化的沉降过程。也就是说，在实际应用过程中适用于上覆岩层性质较为均一稳定、岩层厚度较大的储气库。

　　参考我国江苏金坛储气库的地面沉降资料，在盐层埋深与地层结构方面，鉴于两者有着类似的地质条件，平顶山互层状盐岩储气库 30a 后地面沉降量与之较为接近，最大沉降差仅为 10.8mm，这从另一个侧面验证了 Schnute 生长曲线法的正确性。从沉降控制的角度来看，地面沉降不会对库区环境造成较大影响，工程建设具有可行性。

二、数值计算法

（一）单腔储气库沉降计算

1. 模型建立

　　通过岩石力学试验可知，互层状盐岩中的泥岩强度比较高，而泊松比和稳态蠕变率则较小。因此可以确定泥岩夹层由于自身较强的力学性能而能够控制储气库围岩蠕变变形的发展，有利于储气库的安全稳定。考虑到计算机的实际计算性能，为了减少计算量本书在三维数值模型建立时将互层状盐岩看做是一种均一的新材料，输入其各种力学参数。之后分别建立单腔、双腔和群腔模型。根据前期溶腔探测的结果以及邻近的高分辨率二维地震勘探资料可以得到盐岩溶腔的大概形状与分布范围，但是开采形成的溶腔形状十分不规则，对数值分析模拟的网格划分带来很大的不便。因此，需要对溶腔进行一定的简化处理，根据溶腔下部半径较大而上部半径小的特征，顶部简化为半球体，底部简化为椭球体，中间部分为圆台状。

　　首先按照实际勘探情况建立溶腔模型，溶腔高度取 200m，体积约为 40 万 m³，互层状盐岩的厚度为 300m，其中泥岩厚度 5m，盐岩层厚 30m，上覆泥岩层厚度取整为 1200m，下卧泥岩层厚度 300m。溶腔模型尺寸和计算区域剖面图见图 5-25 与图 5-26。一般来讲数值计算范围不小于工程尺寸的 3～4 倍，同时考虑到地面沉降的水平影响范围较大，计算模型的底面尺寸为 3000m×3000m。由于模型的对称性，可以考虑取 1/4 模型进行计算。数值模型采用六面体实体单元，首先对模型进行区域划分，使得整个模型的各个区域都能够进行结构化网格划分，网格大小为 5m，模型网格划分如图 5-27

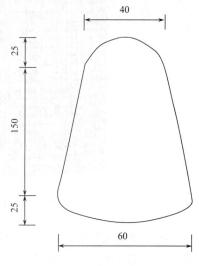

图 5-25　溶腔模型示意图

所示。计算分析过程中不考虑盐岩溶腔的造腔过程，按溶腔一次性成型处理，首先建立静力分析步计算模型在重力作用下的应力和位移等变形特征，然后将应力计算结果导入到地应力平衡分析步,再施加内压并建立蠕变分析步进行计算分析。然后在埋深均为1200m的情况下分别又建立了体积约为 20 万 m^3 和 30 万 m^3 的溶腔模型，储气内压设置为10MPa，蠕变时间设置为 5a、10a、15a、20a、30a。

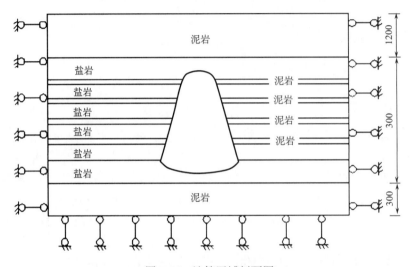

图 5-26　计算区域剖面图

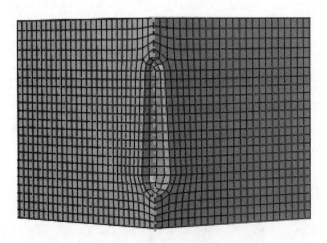

图 5-27　单腔模型网格划分图（彩图）

　　模型建立完毕后，需要施加各种边界条件及荷载条件，根据实际情况本次计算采取底部固定约束，顶部自由，其余边界约束法向位移。荷载主要是腔体内部储气压力，参考文献资料采取 5MPa、10MPa、15MPa 三种储气压力。有限元软件虽然具有良好的非线性分析功能，内置蠕变规律应用范围广，但对不同岩性的针对性不强。为了更好地体现盐岩的蠕变特性，将通过岩石试验建立的蠕变模型利用 Fortran 语言编程后导入到有限元软件中进行沉降计算分析。岩石的力学参数采用地面监测曲线的非线性拟合值（表 5-7）。

表 5-7　岩石力学参数

岩性	变形模量/GPa	泊松比	黏聚力/MPa	内摩擦角/（°）
盐岩	6.67	0.362	15.23	26.3
泥岩	10.18	0.230	15.63	15.7

2. 地面沉降数值分析

1）不同内压

为了研究不同储气压力时的地面沉降规律，设储气压力为 5MPa、10MPa 和 15MPa 三种情况，当储气库的体积为 40 万 m³，埋深按实际情况设置为 1200m 时，经过蠕变 30a 后的沉降等值云图如图 5-28（a）、图 5-28（b）、图 5-28（c）所示，

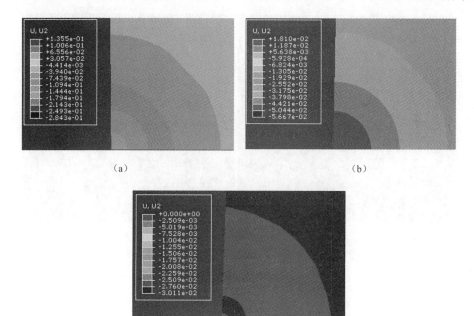

（a）　　　　　　　　　　　　　　　　　（b）

（c）

图 5-28　不同储气压力时沉降等值云图（彩图）

（a）5MPa；（b）10MPa；（c）15MPa

说明储气库上方地表中心点的沉降量最大，逐渐呈圆形向周围扩散，沉降量逐步减小，地面沉降的影响范围较大，一般均大于1100m。另外，沉降变化云图也说明在储气压力为5MPa和10MPa时沉降量自中心点至远方是连续变化的，而在储气压力为15MPa时沉降云图变化并不连续，而是在距离中心点一定距离的地方出现沉降较大的情况，说明此时的储气压力过大，对地面沉降的分布已经产生了影响。

鉴于储气压力为15MPa时，出现了不符合一般沉降规律的紊乱现象，即地面出现了波浪式变形，表明内压过大时会引起具有动采特征的波动性沉降，这种表面紊乱现象却十分符合实际监测结果。因此，为了研究不同储气压力下沉降的发展规律，主要通过对比储气压力为5MPa和10MPa两种情况下的地面沉降变化规律，蠕变时间30a时的溶腔周围蠕变变形云图如图5-29（a）和图5-29（b）所示，两种压力下沉降变化曲线分别如图5-30（a）和图5-30（b）所示。腔周蠕变云图说明随着储气压力的增大，蠕变变形的最大值有所减小，但蠕变变形的影响范围基本一致，约为30m即溶腔的最大半径。最大蠕变变形主要产生在溶腔的下半部分，尤其是溶腔直径最大处，因此直径最大的地方也是有可能发生塑性变形的地方，是溶腔变形过大之后的薄弱之处。

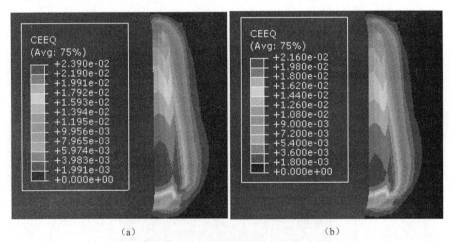

图 5-29　不同储气压力5MPa时腔周蠕变云图（彩图）

（a）5MPa；（b）10MPa

2）不同埋深

埋深也是影响储气库地面沉降的因素，实际工程中由于盐岩层的埋藏深度不一，不同地区具有较大差别，因此也有必要对不同埋深情况下的储气库地面沉降规律进行相应的研究。为了确定埋深的影响效果，又分别建立了埋深为600m和

1800m 的模型，进行沉降计算分析。此时溶腔体积设置为 40 万 m³，储气压力设置为 10MPa。埋深为 1200m 时的沉降曲线图见图 5-30，埋深为 600m 和 1800m 时的沉降曲线图见图 5-31(a) 和图 5-31(b)。通过对比分析三种不同埋深情况下的沉降曲线图，可以发现埋深为 600m、1200m、1800m 时蠕变时间 30a 情况下储气库中心点的沉降量分别为 67.5mm、64.4mm、52.6mm，而对应的沉降影响范围分别为 1176m、1475m、1916m。沉降曲线表明随着储气库埋深的不断增加，储气库中心点的沉降量不断减小，而沉降影响范围却有所增加，这表明埋深的增加使得沉降传递到地表的作用得到了削弱，较厚的覆盖层厚度有利于减小地面沉降。

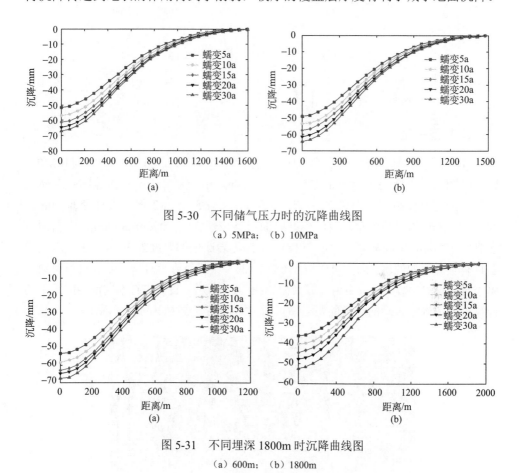

图 5-30　不同储气压力时的沉降曲线图

（a）5MPa；（b）10MPa

图 5-31　不同埋深 1800m 时沉降曲线图

（a）600m；（b）1800m

另外，三种不同埋深情况下蠕变 30a 时的沉降曲线图如图 5-32 所示，图中可以更直观地显示不同埋深时储气库地面沉降的变化规律。埋深较小时，中心点的沉降量较大，而影响范围较小，因此沉降曲线较陡。随着埋深的逐渐增加，中心点的沉降逐渐减小，而沉降影响范围逐渐增加，因此沉降曲线逐渐变缓。

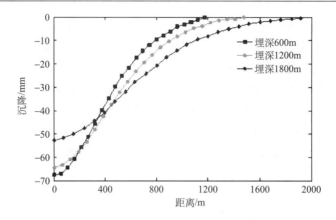

图 5-32　不同埋深时沉降曲线对比图

（二）双腔储气库沉降计算

1. 模型建立

双腔沉降计算时采用体积为 40 万 m³ 的溶腔，埋深为 1200m，储气压力为 10MPa，蠕变时间同样设置为 5a、10a、15a、20a、30a。由于要分析不同溶腔间距对储气库沉降的影响作用，分别建立溶腔间距为 1 倍、1.5 倍和 2 倍最大直径即 60m、90m 和 120m 的溶腔模型。数值模型底面尺寸依然采用 3000m×3000m，上覆泥岩层厚度 1200m，中间盐岩层厚度 300m，下部泥岩底板的厚度为 300m。由于双腔模型具有轴对称的性质，因此可以取整个模型的一半进行数值计算分析，材料参数与单腔时采用的参数一样，数值计算模型如图 5-33 所示。首先进行不同溶腔间距下的计算分析，确定合理的溶腔间距之后再研究不同储气压力下的沉降规律。

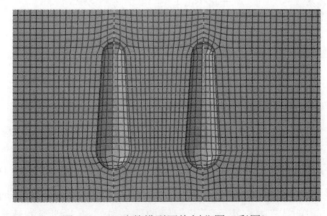

图 5-33　双腔数模型网格划分图（彩图）

2. 计算结果

储气库溶腔间距是储气库建设时需要考虑的重要指标之一，关系到储气库相互之间的稳定性。两个溶腔的对称中心为沉降中心点，沿剖面与模型上表面交线方向的单元节点记录沉降数值。不同溶腔间距情况下蠕变 30a 之后的地面沉降曲线如图 5-34 所示，沉降曲线的变化趋势与单腔时一致，均呈现 S 形。图中曲线也表明，不同间距时的沉降曲线基本重合，说明在 1200m 埋深的情况下溶腔间距的变化对地面沉降的影响不大，沉降的差异经过上覆岩体的传递作用到达地面之后变得比较微弱。

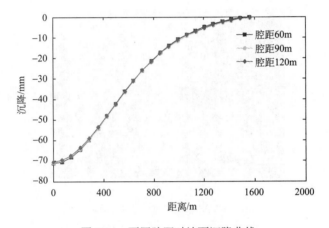

图 5-34　不同腔距时地面沉降曲线

通过不同腔距情况下溶腔周围等效蠕变变形的扩展区域可以确定出合理的溶腔间距，蠕变时间 30a 时溶腔周围蠕变变形的发展情况如图 5-35（a）、图 5-35（b）、图 5-35（c）所示。蠕变发展的云图表明，在溶腔间距为 60m 时两个溶腔周围蠕变变形发展范围已经十分接近，溶腔之间的岩柱存在着贯通的可能，会造成岩柱的变形过大而破坏从而导致储气库的体积减缩严重甚至塌陷，因此溶腔间距为 1 倍最大直径时不能保证溶腔之间岩柱的安全性。溶腔间距为 90m 和 120m 时腔周蠕变的发展范围变化不大，但由于溶腔间距的增加，蠕变 30a 之后溶腔之间存在着安全距离，间距 90m 时有 30m 的安全距离，间距 120m 时有 60m 的安全距离，没有出现蠕变区域接近贯通的情况。由于间距 90m 时的安全距离依然有 30m 即为溶腔的最大半径，能够保证两个溶腔的安全，另外从经济的角度考虑间距 120m 有些过大，不能充分利用地下空间资源。因此，选取溶腔间距 90m 即 1.5 倍最大溶腔直径是比较合理的。

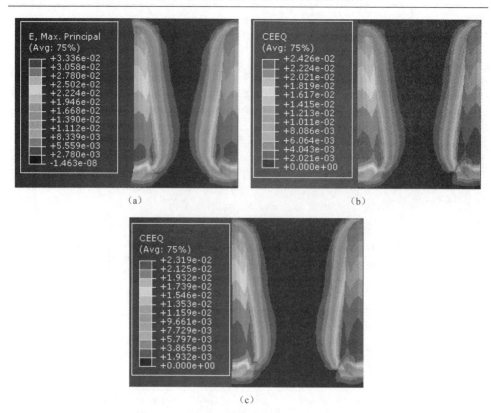

图 5-35 不同腔距时蠕变变形云图（彩图）

（a）60m；（b）90m；（c）120m

另外，在不同储气压力的情况下，沿沉降数据记录路径上的沉降变化曲线如图 5-36（a）和图 5-36（b）所示。从图中可以看出双腔情况下的沉降曲线变化趋势

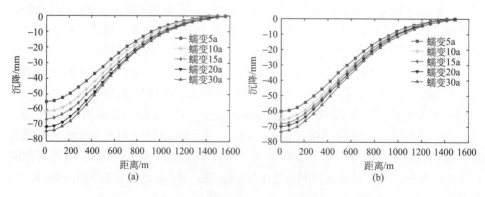

图 5-36 不同储气压力时沉降曲线图

（a）5MPa；（b）10MPa

和单腔时基本一致，但不同的是此时沉降最大值在两个溶腔的中心点处，而不在溶腔顶部所对应的地面点。中心点沉降值比单个溶腔时要大，并且沉降的影响范围也要比单腔时大，储气压力 5MPa 时蠕变 30a 之后中心点的沉降为 75mm，沉降影响范围为 1562m，储气压力 10MPa 时中心点沉降为 72mm，沉降影响范围 1500m，可以看出储气压力不同时最大沉降量和沉降影响范围相差不大，说明埋深较大情况下，储气压力变化对地面沉降的影响效果得到很大程度的削弱。

（三）群腔储气库沉降计算

1. 模型建立

　　储气库的建设需要规模化才能体现其优越性，也能更好地发挥其效益。因此，有必要建立群腔模式的储气库，研究其沉降分布和变化规律。鉴于计算机硬件计算能力有限，本次模拟只建立 7 腔的模型，由于溶腔分布的对称性，分析时可以取 1/4 进行建模计算。为了保证储气库群的等间距性，采用正六边形的布置方式，溶腔平面分布示意图如图 5-37 所示。溶腔间距采用 1.5 倍的最大溶腔直径即 90m，储气压力采用 10MPa，埋深为 1200m，蠕变时间同样设置为 5a、10a、15a、20a、30a，材料参数与之前保持一致，模型网格划分见图 5-38。

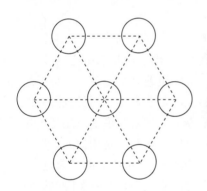
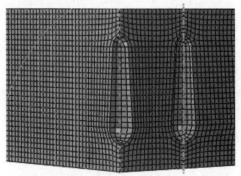

图 5-37　群腔模型平面分布示意图　　　　图 5-38　群腔模型网格划分图（彩图）

2. 计算结果

　　群腔模型情况下，以六边形中心所对应的地面点为中心点，建立沉降数据记录坐标系。由 7 个溶腔组成的储气库群地面沉降曲线如图 5-39 所示，图中沉降曲线表明群腔模型下地面沉降的变化曲线仍然呈现出 S 形，与单腔和双腔不同的是此时沉降中心点是整个储气库群的中心点，即处于六边形中心处溶腔顶点对应的地面点。由于不同溶腔造成的沉降相互叠加，再经过上覆岩层的传递削弱，地面沉降并没有体现出群腔的特征，沉降曲线的整体变化趋势与单腔和双腔模型时相同，但由于多个溶腔的沉降相互叠加，中心点的沉降比单腔和双腔时大很多，沉降的影响范围也有明显的增加，蠕变 30a 之后中心点的沉降量达到 247mm，沉降的影响范围达到 2480m。

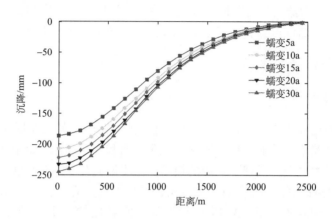

图 5-39　群腔模型地面沉降曲线

（四）溶腔沉降综合分析

总体来说，单腔、双腔和多腔储气库的地面沉降变化趋势基本一致，都是在中心点处达到最大沉降量,距离中心点一定范围之内的沉降量与中心点较为接近，即为最大沉降区。随着距中心点距离的增加，沉降迅速衰减至较小的值，这部分区域称为沉降衰减区。沉降衰减区之外区域的沉降量非常小，而且沉降曲线较为平缓，各点的沉降量比较接近并且逐渐趋近于零。三种溶腔模型下均呈现出了明显的三阶段特征，说明不同工况下地面沉降的总体变化趋势是相似的。

就沉降的不同影响因素而言，随着溶腔体积的增加，中心点的沉降逐渐增大，沉降的影响范围增大；储气压力增大时中心点的沉降减小，同时沉降的影响范围减小；埋深增大时中心点的沉降减小，沉降影响范围增大，同时沉降曲线趋向于平缓。虽然三种溶腔模型情况下，储气库地面沉降的总体变化趋势基本一样，但是随着单个溶腔数目的增加，中心点的沉降量有明显的增加，沉降的影响范围也增加较多。因此，对于实际工程中的储气库群来讲，溶腔数目是一项很重要的影响因素，必须结合地质情况确定储气库群的合理溶腔数目。

参照金坛盐穴储气库沉降预测资料，平顶山地区互层状盐岩储气库地面沉降量与之较为接近，最大沉降差仅为 10.8mm，从沉降控制的角度看，地面沉降不会对储气库稳定性造成较大影响，工程建设具有可行性。

参 考 文 献

班凡生, 肖立志, 袁光杰, 等. 2012. 大尺寸盐岩溶腔模型制备研究及应用[J]. 天然气地球科学, 23(4): 804-806.

曹代勇. 1990. 华北聚煤区南部滑脱构造研究[D]. 北京: 中国矿业大学(北京).

曹代勇, 张守仁, 任德贻. 2002. 构造变形对煤化进程的影响——以大别造山带北麓地区石炭纪含煤岩系为例[J]. 地质论评, 48(3): 313-317.

曹代勇, 李小明, 魏迎春, 等. 2005. 构造煤与原生结构煤的热解成烃特征研究[J]. 煤田地质与勘探, 33(4): 39-41.

曹代勇, 李小明, 张守仁. 2006. 构造应力对煤化作用的影响——应力降解机制与应力缩聚机制[J]. 中国科学(D 辑: 地球科学), 36(1): 59-68.

曹运兴. 1999. 构造煤的动力变质作用及其灾害性[D]. 北京: 北京大学.

曹运兴, 彭立世. 1995. 顺层断层的基本类型及其对瓦斯突出带的控制作用[J]. 煤炭学报, 20(4): 413-417.

曹运兴, 张玉贵, 李凯琦, 等. 1996. 构造煤的动力变质作用及其演化规律[J]. 煤田地质与勘探, (4): 15-18.

陈锋. 2006. 盐岩力学特性及其在储气库建设中的应用研究[D]. 北京: 中国科学院研究生院.

陈锋, 杨春和, 白世伟. 2006. 盐岩储气库蠕变损伤分析[J]. 岩土力学, 27(6): 945-949.

陈绍杰, 郭惟嘉, 杨永杰. 2009. 煤岩蠕变模型与破坏特征试验研究[J]. 岩土力学, (9): 2595-2598.

陈卫忠, 伍国军, 戴永浩, 杨春和. 2006. 废弃盐穴地下储气库稳定性研究[J]. 岩石力学与工程学报, 25(4): 848-854.

陈卫忠, 王者超, 伍国军, 杨建平, 张保平. 2007. 盐岩非线性蠕变损伤本构模型及其工程应用[J]. 岩石力学与工程学报, 26(3): 467-472.

陈卫忠, 谭贤君, 伍国军, 等. 2009. 含夹层盐岩储气库气体渗透规律研究[J]. 岩石力学与工程学报, 28(7): 1297-1304.

陈蕴生, 韩信, 李宁, 等. 2005. 非贯通裂隙介质单轴受力条件下的损伤本构关系探讨[J]. 岩石力学与工程学报, 24(S2): 5926-5926.

陈志平, 陈德玖, 张照秀, 等. 2010. 高频大地电磁法在慈母山隧道勘察中的应用[J]. 地下空间与工程学报, (6): 1726-1730.

程五一, 刘晓宇, 王魁军, 李祥. 2004. 煤与瓦斯突出冲击波阵面传播规律的研究[J]. 煤炭学报, 29(1): 57-60.

丁国生, 张昱文. 2010. 盐穴地下储气库[M]. 北京: 石油工业出版社, 1-4.

范庆忠, 高延法. 2007. 软岩蠕变特性及非线性模型研究[J]. 岩石力学与工程学报, 26(2): 391-396.

冯三利, 叶建平. 2003. 中国煤层气勘探开发技术研究进展[J]. 中国煤田地质, 15(6): 19-24.

高小平, 杨春和, 吴文, 等. 2005. 盐岩蠕变特性温度效应的实验研究[J]. 岩石力学与工程学报, 24(12): 2054-2059.

葛纯朴, 康志强, 赖树钦, 王涛, 徐义贤. 2007. 可控源音频大地电磁法(CSAMT)在复杂岩溶矿山水文地质勘探中的应用——以福建马坑铁矿为例[J]. 中国水运(学术版), (10): 82-84.

郭德勇, 韩德馨. 1998. 地质构造控制煤和瓦斯突出作用类型研究[J]. 煤炭学报, 23(4): 337-341.

郭德勇, 韩德馨, 王新义. 2002. 煤与瓦斯突出的构造物理环境及其应用[J]. 北京科技大学学报, 24(6): 583-586.

郭德勇, 李念友, 裴大文, 等. 2007. 煤与瓦斯突出预测灰色理论神经网络方法[J]. 北京科技大学学报, 29(4): 354-357.

郭佳奇, 乔春生. 2012. 岩溶隧道掌子面突水机制及岩墙安全厚度研究[J]. 铁道学报, 34(3): 105-110.

何学秋. 1995. 含瓦斯煤岩流变动力学[M]. 北京: 中国矿业大学出版社.

侯正猛, 吴文. 2003. 利用 Hou/Lux 本构模型考虑蠕变破坏标准和损伤改进盐岩储存硐库的设计(英文)[J]. 岩土工程学报, 25(1): 105-108.

胡国忠, 王宏图, 范晓刚. 2009. 低渗透突出煤的瓦斯渗流规律研究[J]. 岩石力学与工程学报, 28(12): 2527-2534.

胡社荣. 1992. 中国煤田煤矿区水文地质研究进展及评述[J]. 地球科学进展, 7(1): 34-38.

胡向志, 王志荣, 张振伦. 2011. 煤层气开发与"三软"矿区瓦斯抽采[M]. 郑州: 黄河水利出版社.

黄力军, 孟银生, 陆桂福. 2007a. 可控源音频大地电磁测深在深部地热资源勘查中的应用[J]. 物探化探计算技术, (S1): 60-63.

黄力军, 张威, 刘瑞德. 2007b. 可控源音频大地电磁测深法寻找隐伏金属矿的作用[J]. 物探化探计算技术, (S1): 55-59.

黄润秋, 王贤能, 陈龙生. 2000. 深埋隧道涌水过程的水力劈裂作用分析[J]. 岩石力学与工程学报, 19(5): 573-576.

姜波, 秦勇, 琚宜文, 等. 2005. 煤层气成藏的构造应力场研究[J]. 中国矿业大学学报, 34(5): 564-568.

姜振泉, 季梁军. 2001. 岩石全应力应变过程渗透性试验研究[J]. 岩土工程学报, 23(2): 153-156.

景国勋, 张强, 2005. 煤与瓦斯突出过程中瓦斯作用的研究[J]. 煤炭学报, (2):169-171.

李宏欣. 2012. 焦作九里山井田煤层气赋存特征分析[J]. 中州煤炭, 9: 4-7.

李坚, 邓宏科, 张家德, 吴正刚, 常兴旺. 2009. 可控源音频大地电磁勘探在大瑞铁路高黎贡山隧道地质选线中的应用[J]. 水文地质工程地质, (2): 72-76.

李萍丰. 1989. 浅谈煤与瓦斯突出机理的假说——二相流体假说[J]. 煤矿安全(11): 29-35.

李万程. 1979. 豫西晚古生代煤产地的"表皮构造"[J]. 煤田地质与勘探, (2): 25-32.

李万程. 1995. 重力滑动构定的成因类型[J]. 煤田地质与勘探, 23(1): 19-24.

梁冰, 刘建军, 范厚彬, 等. 2000. 非等温条件下煤层中瓦斯流动的数学模型及数值解法[J]. 岩石力学与工程学报, 19(1): 1-5.

林柏泉, 周世宁, 张仁贵. 1993. 煤巷卸压带及其在煤和瓦斯突出危险性预测中的应用[J]. 中国矿业大学学报, (4): 47-55.

刘保县, 鲜学福, 姜德义, 2002. 煤与瓦斯延期突出机理及其预测预报的研究[J]. 岩石力学与工程学报, (5): 647-650.

刘东燕, 蔡美峰, 何满潮. 2002. 岩石力学与工程[M]. 北京: 科学出版社, 198-219.

刘浩. 2010. 高煤级煤储层水力压裂的裂缝预测模型及效果评价[D]. 焦作: 河南理工大学.

刘健, 宋娟, 张强永, 等. 2011. 盐岩地下储气库群间距数值计算分析[J]. 岩石力学与工程学报, 30(2): 3413-3419.

刘金城, 郭德勇, 邹山旺. 2006. 大平煤矿瓦斯爆炸事故原因分析及对策[J]. 矿业安全与环保, 33(2): 23-25.

卢孚, 沈兆武, 朱贵旺, 等. 2001. 含瓦斯煤的有效应力与力学变形破坏特性[J]. 中国科学技术大学学报, 31(6): 686-693.

马尚权, 何学秋. 1999. 煤矿事故中 "安全流变-突变论" 的研究[J]. 中国安全科学学报, 9(5): 6-9.

马尚权, 眭万俊. 2001. "流变-突变" 规律在煤与瓦斯突出中的应用研究[J]. 江苏煤炭, (3): 13-15.

马杏垣, 索书田, 游振东, 等. 1981. 嵩山构造变形——重力构造、构造解析[M]. 北京: 地质出版社, 1-256.

马中飞, 余启香. 2007. 水力卸压防止承压散体煤和瓦斯突出机理[J]. 中国矿业大学学报, 36(1): 103-106.

冒海军, 杨春和, 刘江, 等. 2006. 板岩蠕变特性试验研究与模拟分析[J]. 岩石力学与工程学报, 25(6): 1204-1209.

彭立世. 1985. 煤与瓦斯突出预测地质指标[J]. 瓦斯地质, (1): 53-54.

彭苏萍, 王希良, 刘咸卫, 等. 2001. "三软" 煤层巷道围岩流变特性试验研究[J]. 煤炭学报, (2): 149-152.

戚承志, 钱七虎. 2009. 岩体动力变形与破坏的基本问题[M]. 北京: 科学出版社.

秦勇, 袁亮, 胡千庭, 等. 2010. 我国煤层气勘探与开发技术现状及发展方向[J]. 煤炭科学技术, 40(10): 1-6.

屈丹安, 杨春和, 任松. 2010. 金坛盐穴地下储气库地表沉降预测研究[J]. 岩石力学与工程学报, 29(增 1): 2705-2711.

曲志明, 周心权, 王海燕, 马洪亮. 2008. 瓦斯爆炸冲击波超压的衰减规律[J]. 煤炭学报, 33(4): 410-414.

任松, 姜德义, 杨春和, 等. 2007. 岩盐水溶开采沉陷新概率积分三维预测模型研究[J]. 岩土力学, 28(1): 134-138.

任松, 姜德义, 杨春和. 2009. 复杂开采沉陷分层传递预测模型[J]. 重庆大学学报, 32(7): 823-828.

宋国阳, 刘国争. 2009. 可控源音频大地电磁法在工程隧道勘查中的应用[J]. 煤炭技术, (9):

147-148.

宋佳, 卢渊, 李永寿, 等. 2013. 煤岩压裂液动滤失实验研究[J]. 油气藏评价与开发, 1(1): 74-77.

宋岩, 秦胜飞, 赵孟军. 2007. 中国煤层气成藏的两大关键地质因素[J]. 天然气地球科学, 18(4): 545-553.

苏现波, 吴贤涛. 1996. 煤的裂隙与煤层气储层评价[J]. 中国煤层气, (2): 88-90.

孙钧. 2007. 岩石流变力学及其工程应用研究的若干进展[J]. 岩石力学与工程学报, 26(6): 1081-1106.

唐巨鹏, 潘一山, 李成全, 等. 2006a. 固流耦合作用下煤层气解吸—渗流实验研究[J]. 中国矿业大学学报, 35(2): 274-278.

唐巨鹏, 潘一山, 李成全, 等. 2006b. 有效应力对煤层气解吸渗流影响试验研究[J]. 岩石力学与工程学报, 25(8): 1563-1568.

王昌贤, 曹代勇. 1989. 河南省嵩、箕地区石炭、二叠纪煤田中的滑动构造[J]. 湘潭矿业学院学报, (1): 28-33.

王登科. 2009. 含瓦斯煤岩本构模型与失稳规律研究[D]. 重庆: 重庆大学.

王登科, 尹光志. 2008. 含瓦斯煤岩三轴蠕变特性及蠕变模型研究[J]. 岩石力学与工程学报, 27(S1): 2631-2636.

王登科, 刘建, 尹光志, 等. 2010. 三轴压缩下含瓦斯煤样蠕变特性试验研究[J]. 岩石力学与工程学报, (2): 349-357.

王恩义. 2005. 地质构造突出机理研究[J]. 河南理工大学学报, 24(3): 181-185.

王贵君. 2003. 盐岩层中天然气存储洞室围岩长期变形特征[J]. 岩土工程学报, 2(4), 431-435.

王桂梁, 曹代勇, 姜波. 1992. 华北南部逆冲推覆伸展滑覆和重力滑动构造[M]. 徐州: 中国矿业大学出版社.

王康, 刘佑荣, 胡政, 等. 2015. 基于影响因子修正的岩石损伤力学模型探讨[J]. 岩土力学, 36(S2): 171-177.

王同涛, 闫相祯, 杨秀娟, 等. 2011. 考虑盐岩蠕变的岩穴储气库地表动态沉降量预测[J]. 中国科学: 技术科学, 41(5): 687-692.

王志荣, 蔡迎春, 孙文标. 2009. 典型瓦斯地质灾害与防治[M]. 郑州: 黄河水利出版社.

王志荣, 陈玲霞, 孙龙. 2014. "三软"矿区采掘工作面煤与瓦斯延期突出机理[J]. 中国矿业大学学报, 43(1): 56-63.

王志荣, 李亚坤, 张利民, 等. 2015. 薄层状盐岩地下储气库工程地质条件及可行性分析[J]. 工程地质学报, 23(1): 148-154.

吴爱军, 蒋承林, 2011. 煤与瓦斯突出冲击波传播规律研究[J]. 中国矿业大学学报, (6): 852-857.

吴立新, 王金庄, 孟顺利. 1997. 煤岩流变模型与地表二次沉陷研究[J]. 地质力学学报, (3): 31-37.

武强, 朱斌, 刘守强. 2011. 矿井断裂构造带滞后突水的流–固耦合模拟方法分析与滞后时间确定[J]. 岩石力学与工程学报, (1): 93-104.

郤宝平, 赵阳升, 赵延林, 等. 2008. 层状盐岩储库长期运行腔体围岩流变破坏及渗透现象研究[J]. 岩土力学, 29(增 1): 241-246.

鲜学福, 曹树刚. 2001. 煤岩蠕变损伤特性的实验研究[J]. 岩石力学与工程学报, 20(6): 817-821.

鲜学福, 李晓红, 姜德义, 等. 2005. 瓦斯煤层裸露面蠕变失稳的时间预测研究[J]. 岩土力学, (6): 841-844.

解东升, 宋春明, 王明洋, 等. 2012. 爆炸荷载下深地下硬岩的动力模型及其数值分析[J]. 解放军理工大学学报(自然科学版), 13(3): 305-310.

谢和平. 1998. 孔隙与破断岩体的宏细观力学研究[J]. 岩土工程学报, 20(4): 113-114.

徐凤银, 李曙光, 王德桂. 2008. 煤层气勘探开发的理论与技术发展方向[J]. 中国石油勘探, (5): 1-6.

徐涛, 唐春安. 2005. 含瓦斯煤岩破裂过程流固耦合数值模拟[J]. 岩石力学与工程学报, 24(10): 1667-1673.

徐卫亚, 杨圣奇, 褚卫江. 2006. 岩石非线性黏弹塑性流变模型(河海模型)及其应用[J]. 岩石力学与工程学报, 25(3): 433-447.

杨春和, 陈锋, 曾义金. 2002. 盐岩蠕变损伤关系研究[J]. 岩石力学与工程学报, 21(11): 1602-1604.

杨更社, 张长庆. 1998. 岩体损伤及检测[M]. 西安: 陕西科学技术出版社.

杨庆锦, 王招香. 1999. 大地电场岩性测深原理及方法技术的探讨[J]. 地球物理学进展, 14(3): 80-88.

杨圣奇, 倪红梅. 2012. 泥岩黏弹性剪切蠕变模型及参数辨识[J]. 中国矿业大学学报, 41(4): 551-557.

杨天鸿, 唐春安, 朱万成, 等. 2001. 岩石破裂过程渗流与应力耦合分析[J]. 岩土工程学报, 23(2): 153-156.

杨兴东. 2013. 煤层气开采过程中裂缝系统与渗透率演化关系[J]. 辽宁化工, 42(10): 1187-1189.

尹光志, 李晓泉, 赵洪宝. 2008a. 地应力对突出煤瓦斯渗流影响实验研究[J]. 岩石力学与工程学报, 27(12): 2557-2561.

尹光志, 王登科, 张东明, 等. 2008b. 含瓦斯煤岩固气耦合动态模型与数值模拟研究[J]. 岩土工程学报, 30(10): 1430-1436.

于不凡. 1985. 煤和瓦斯突出机理[M]. 北京: 煤炭工业出版社, 1-282.

于不凡, 王佑安. 2000. 煤矿瓦斯灾害防治及利用技术手册[M]. 北京: 煤炭工业出版社, 1-789.

余海龙, 刘欣, 李萍丰, 等. 2000. 水力疏松提高煤层透气性防治煤与瓦斯突出[J]. 重庆大学学报(自然科学版), 23(S1): 32-34.

俞启香. 1992. 矿井瓦斯防治[M]. 徐州: 中国矿业大学出版社.

俞启香, 程远平, 周世宁, 等. 2004. 高瓦斯特厚煤层煤与卸压瓦斯共采原理及实践[J]. 中国矿业大学学报, 33(2): 127-131.

俞绍诚. 2010. 水力压裂技术手册[M]. 北京: 石油工业出版社, 134-140.

岳世权, 李振华, 张光耀. 2005. 煤岩蠕变特性试验研究[J]. 河南理工大学学报(自然科学版), (4): 271-274.

张高群, 肖兵, 胡娅娅, 潘卫东, 等. 2013. 新型活性水压裂液在煤层气井的应用[J]. 钻井液与完井液, 30(1): 66-68.

张宏伟, 陈学华, 王魁军. 2000. 地层结构的应力分区与煤瓦斯突出预测分析[J]. 岩石力学与工程学报, 19(4): 464-467.

张建国, 杜殿发, 侯健, 等. 2010. 油气层渗流力学[M]. 东营: 中国石油大学出版社, 115-125.

张明, 王菲, 杨强. 2013. 基于三轴压缩试验的岩石统计损伤本构模型[J]. 岩土工程学报, 35(11): 1965-1971.

张宁, 张强勇, 向文, 等. 2012. 盐岩地下储气库地表沉降风险失效概率的计算分析[J]. 岩石力学与工程学报, 31(2): 3756-3762.

张琪. 2006. 采油工程原理与设计[M]. 东营: 中国石油大学出版社, 250-255.

张铁岗. 2001. 平顶山矿区煤与瓦斯突出的预测及防治[J]. 煤炭学报, 26(2): 172-177.

张向东, 李永靖, 张树光, 等. 2004. 软岩蠕变理论及其工程应用[J]. 岩石力学与工程学报, 23(10): 1635-1639.

张小东, 张鹏, 刘浩, 等. 2013. 高煤级煤储层水力压裂裂缝扩展模型研究[J]. 中国矿业大学学报, 42(4): 573-579.

张小涛, 窦林名, 李志华. 2005. 煤岩体蠕变突变模型[J]. 中国煤炭, (1): 37-40.

张瑜. 1983. 内部流动中激波与边界层的干扰问题[J]. 力学与实践, (6): 16-21.

张子敏, 张玉贵. 2005. 大平煤矿特大型煤与瓦斯突出瓦斯地质分析[J]. 煤炭学报, 30(2): 137-140.

张子敏, 林又玲, 吕绍林. 1998. 中国煤层瓦斯分布特征[M]. 北京: 煤炭工业出版社, 1-132.

章梦涛, 潘一山, 梁冰. 1995. 煤岩流体力学[M]. 北京: 科学出版社, 107-109.

赵志成, 朱维耀, 单文文, 等. 2004. 盐岩储气库水溶建腔数学模型研究[J]. 天然气工业, 24(9): 216-129.

郑哲敏. 2004. 从数量级和量纲分析看煤与瓦斯突出的机理[M]. 北京: 科学出版社, 382-392.

周世宁, 何学秋. 1990. 煤和瓦斯突出机理的流变假说[J]. 中国矿业大学学报, (2): 4-11.

Bérest P, Bergues J, Brouard B. 1999. Review of static and dynamic compressibility issues relating to deep underground salt caverns[J]. Int J Rock Mech Min Sci, 36: 1031-1049.

Biot M A. 1941. General theory of three-dimensional consolidation[J]. J Appl Phys, (12): 155-164.

Cao D Y, Zhang S R, Li X M, et al. 2004. Deformation and metamorphism of coal in yangshan formation the beihuaiyang area, China[J]. Western Pacific Earth Sciences, 4(1): 15-28.

Forest S, Pradel F, Sab K. 2001. Asymptotic analysis of heterogeneous Cosserat media[J]. International Journal of Solids and Structures, 38(26/27): 4585-4608.

Lemaitre J. 1984. How to use damage mechanics[J]. Nuclear Engineering and Design, 80(2): 233-245.

Sleep N H, Blanpied M L. 1992. Creep, compaction and the weak rheology of major faults[J]. Nature, 359: 687-692.

彩　图

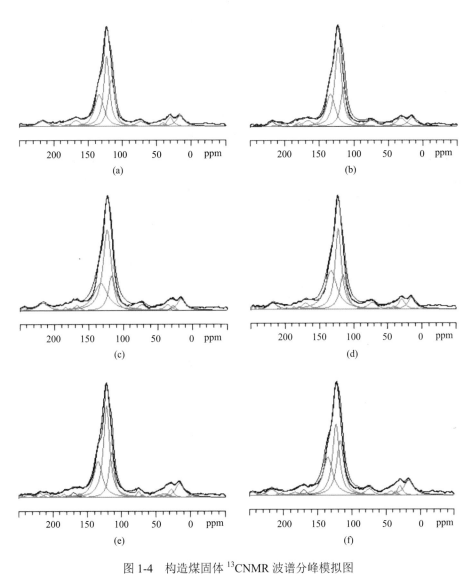

(a)

(b)

(c)

(d)

(e)

(f)

图 1-4　构造煤固体 ^{13}CNMR 波谱分峰模拟图

（a）样品号 GC01；（b）样品号 GC02；（c）样品号 DP01；（d）样品号 DP02；
（e）样品号 CH01；（f）样品号 CH02

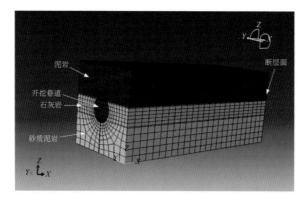

图 1-9　岩石下山瓦斯突出三维有限元仿真模型图

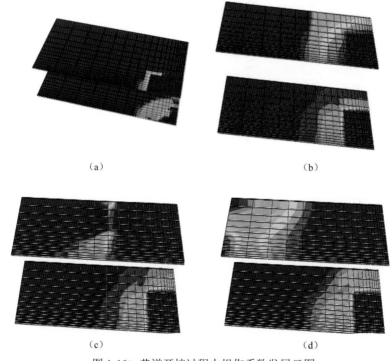

（a）　　　　　　　　　　　　　　　　（b）

（c）　　　　　　　　　　　　　　　　（d）

图 1-10　巷道开挖过程中损伤系数发展云图

（a）初始阶段；　（b）第一阶段开挖 1m；　（c）第二阶段开挖 3m；　（d）第三阶段开挖 5m

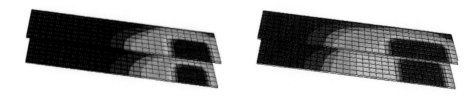

（a）　　　　　　　　　　　　　　　　（b）

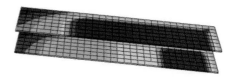

（c）   （d）

图 1-11　巷道开挖过程中瓦斯压力发展云图

（a）初始阶段；（b）第一阶段开挖 1m ；（c）第二阶段开挖 3m ；（d）第三阶段开挖 5m

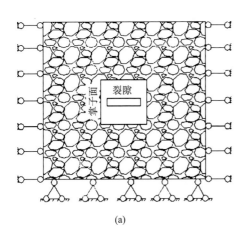
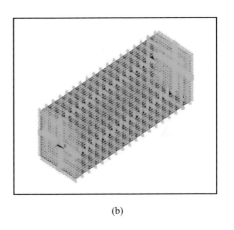

（a）   （b）

图 1-18　计算模型

（a）地质模型；（b）数值模型

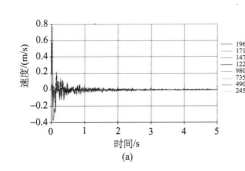
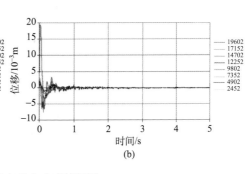

（a）   （b）

图 1-19　顶壁节点动力响应特征图

（a）速度图；（b）位移图

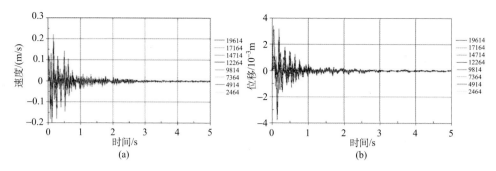

图 1-20　侧壁节点动力响应特征图

（a）速度图；（b）位移图

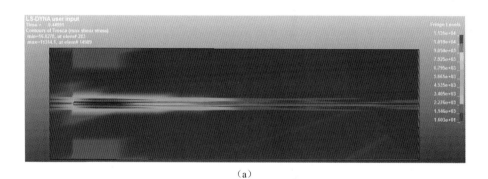

（a）

（b）

（c）

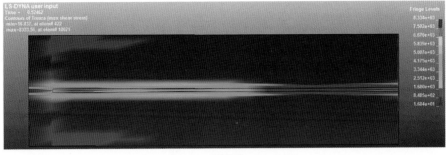

（d）

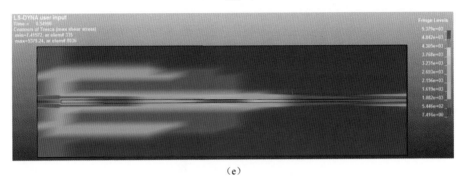

（e）

图 1-22　不同时刻巷道 Tresca（Max shear stress）图

（a）T=0.44991s；（b）T=0.47499s；（c）T=0.49983s；（d）T=0.52462s；（e）T=0.54996s

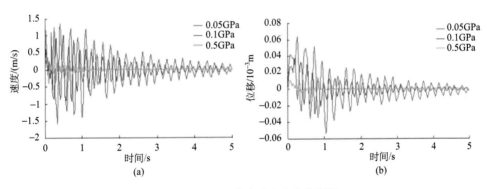

图 1-23　17152 节点动力响应特征图

（a）速度图；（b）位移图

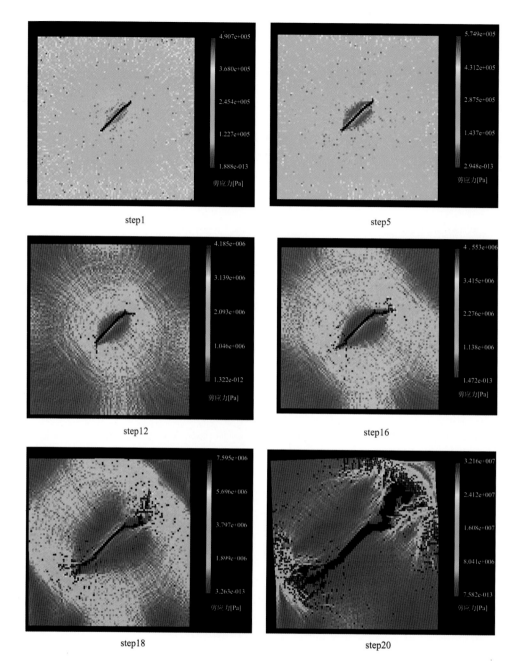

step1   step5

step12   step16

step18   step20

图 3-5　裂纹扩展及应力变化规律

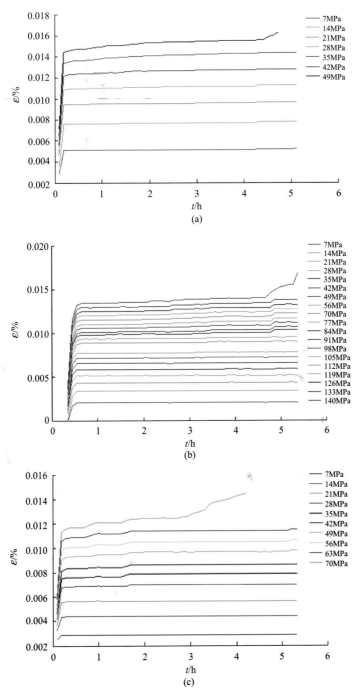

图 3-13 煤系地层在不同应力水平下的变形与时间关系曲线

（a）砂质泥岩；（b）砂岩；（c）泥岩

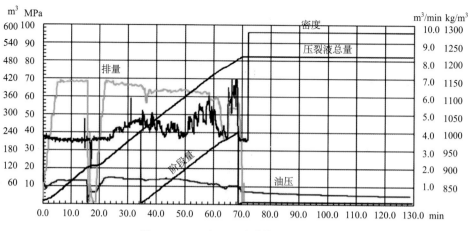

图 4-6 JLS 试-016 压裂施工综合曲线

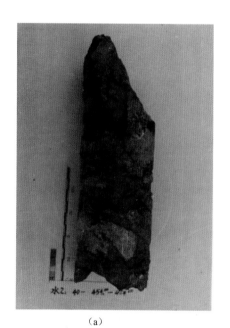

(a)

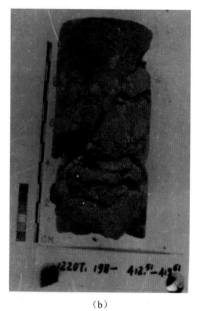

(b)

图 4-10 二₁煤层顶板构造变形图

（a）张性构造岩；（b）剪切构造岩

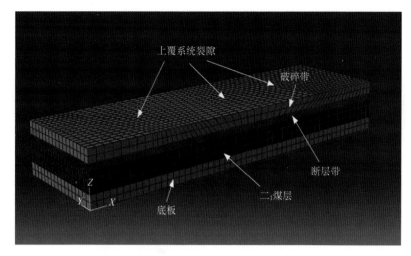

图 4-11　软煤顺层注水压裂有限元计算模型图

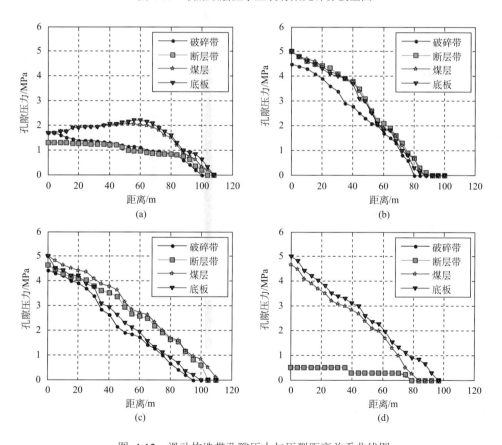

图 4-12　滑动构造带孔隙压力与压裂距离关系曲线图

（a）破碎带压裂；（b）断层带压裂；（c）二$_1$煤层压裂；（d）底板压裂

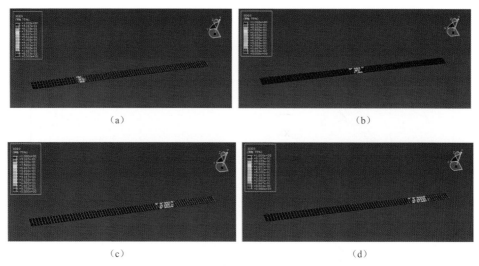

图 4-14 不同时刻 cohesive 单元损伤图

（a）30min；（b）60min；（c）90min；（d）120min

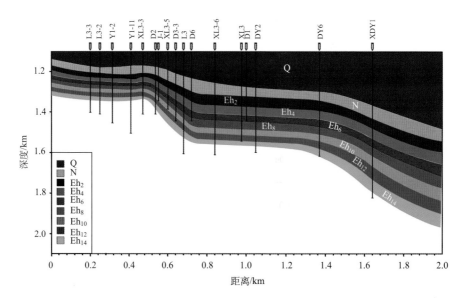

图 5-9 中盐皓龙采区盐井地质剖面图

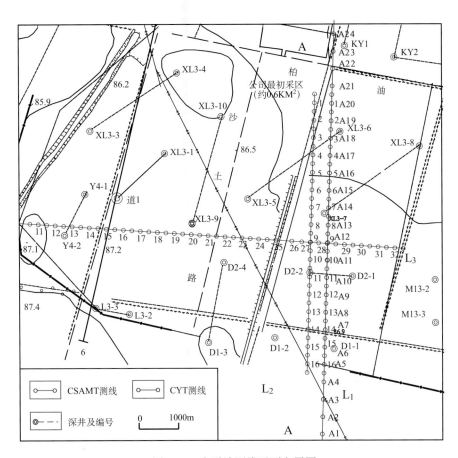

图 5-10　电磁法测线平面布置图

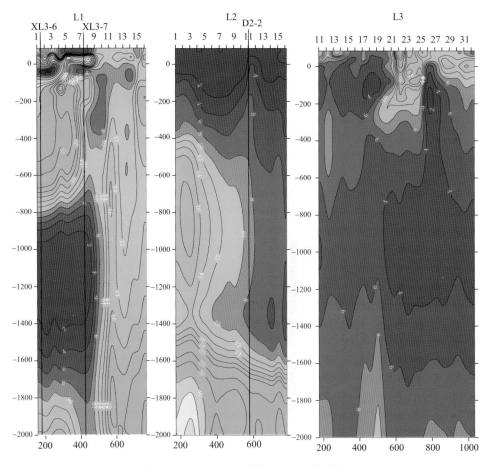

图 5-12　CSAMT 测线视电阻率剖面图

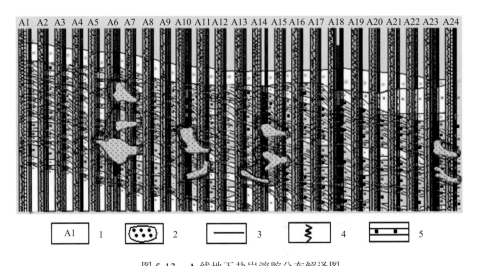

图 5-13　A 线地下盐岩溶腔分布解译图

1. 测点；2. 地下盐穴；3. 岩层界线；4.CYT 测深曲线；5. 盐岩夹层

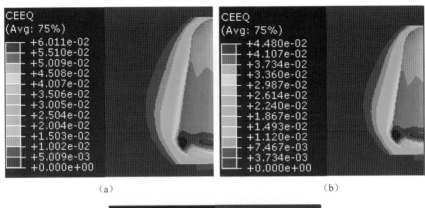

（a） （b）

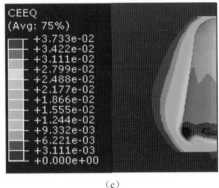

（c）

图 5-20　不同内压下腔周蠕变等值图

（a）4MPa；（b）8MPa；（c）12MPa

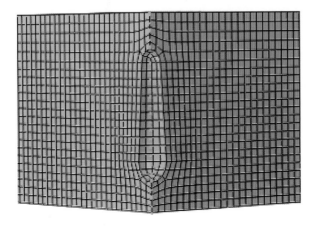

图 5-27　单腔模型网格划分图

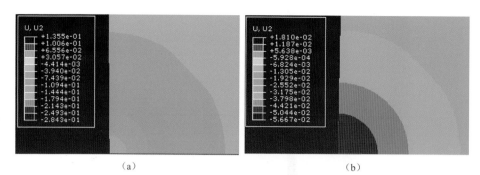

（a） （b）

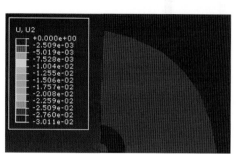

（c）

图 5-28　不同储气压力时沉降等值云图

（a）5MPa；（b）10MPa；（c）15MPa

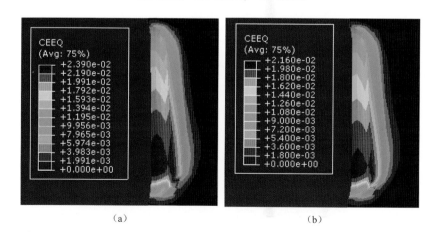

（a） （b）

图 5-29　不同储气压力 5MPa 时腔周蠕变云图

（a）5MPa；（b）10MPa

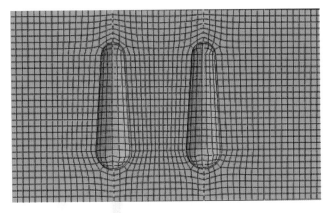

图 5-33　双腔数模型网格划分图

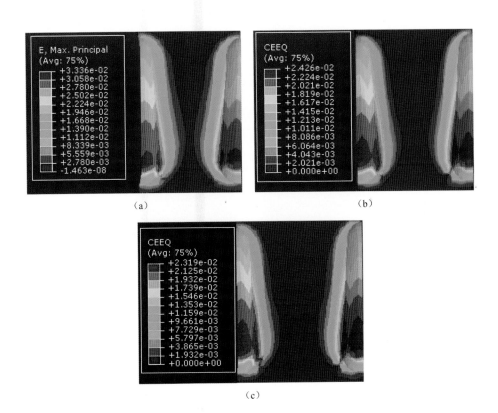

（a）　　　　　　　　　　　　　　（b）

（c）

图 5-35　不同腔距时蠕变变形云图

（a）60m；（b）90m；（c）120m

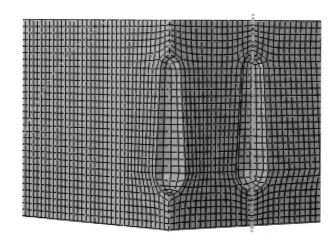

图 5-38　群腔模型网格划分图